Aissa Amrouche
Leila Falek

Analyse des fréquences instantanées des formants par transformée

Aissa Amrouche
Leila Falek

Analyse des fréquences instantanées des formants par transformée

En ondelettes de Morlet continue complexe

Presses Académiques Francophones

Impressum / Mentions légales

Bibliografische Information der Deutschen Nationalbibliothek: Die Deutsche Nationalbibliothek verzeichnet diese Publikation in der Deutschen Nationalbibliografie; detaillierte bibliografische Daten sind im Internet über http://dnb.d-nb.de abrufbar.

Alle in diesem Buch genannten Marken und Produktnamen unterliegen warenzeichen-, marken- oder patentrechtlichem Schutz bzw. sind Warenzeichen oder eingetragene Warenzeichen der jeweiligen Inhaber. Die Wiedergabe von Marken, Produktnamen, Gebrauchsnamen, Handelsnamen, Warenbezeichnungen u.s.w. in diesem Werk berechtigt auch ohne besondere Kennzeichnung nicht zu der Annahme, dass solche Namen im Sinne der Warenzeichen- und Markenschutzgesetzgebung als frei zu betrachten wären und daher von jedermann benutzt werden dürften.

Information bibliographique publiée par la Deutsche Nationalbibliothek: La Deutsche Nationalbibliothek inscrit cette publication à la Deutsche Nationalbibliografie; des données bibliographiques détaillées sont disponibles sur internet à l'adresse http://dnb.d-nb.de.

Toutes marques et noms de produits mentionnés dans ce livre demeurent sous la protection des marques, des marques déposées et des brevets, et sont des marques ou des marques déposées de leurs détenteurs respectifs. L'utilisation des marques, noms de produits, noms communs, noms commerciaux, descriptions de produits, etc, même sans qu'ils soient mentionnés de façon particulière dans ce livre ne signifie en aucune façon que ces noms peuvent être utilisés sans restriction à l'égard de la législation pour la protection des marques et des marques déposées et pourraient donc être utilisés par quiconque.

Coverbild / Photo de couverture: www.ingimage.com

Verlag / Editeur:
Presses Académiques Francophones
ist ein Imprint der / est une marque déposée de
OmniScriptum GmbH & Co. KG
Heinrich-Böcking-Str. 6-8, 66121 Saarbrücken, Deutschland / Allemagne
Email: info@presses-academiques.com

Herstellung: siehe letzte Seite /
Impression: voir la dernière page
ISBN: 978-3-8381-4652-2

Zugl. / Agréé par: Université des Sciences et de la Technologie Houari Boumediene,Faculté d'Electronique et d'Informatique.,2011

Copyright / Droit d'auteur © 2014 OmniScriptum GmbH & Co. KG
Alle Rechte vorbehalten. / Tous droits réservés. Saarbrücken 2014

Aissa AMROUCHE ; Leila FALEK

Analyse des fréquences instantanées des formants par transformée en ondelettes de Morlet continue complexe

Résumé. Le but de cette étude est d'estimer les fréquences instantanées correspondantes aux formants du signal de parole au moyen de la transformée en ondelettes. La méthode développée est basée sur une analyse de la dérivée de la phase des coefficients de la transformée en ondelettes de Morlet continues complexes. L'utilisation de signaux synthétisés au moyen d'un modèle à formants de production de parole a permis d'adapter la méthode à des signaux réels de parole et de déterminer les fréquences formantiques instantanées pour tous les types de sons de la parole (sous forme de voyelles isolées, syllabes et mots) . Les résultats sont satisfaisants et rejoignent ceux obtenus par d'autres chercheurs dans le domaine (qui se sont intéressés surtout à des voyelles isolées).

Mots clés : signal parole, fréquences instantanées, formants, ondelettes complexe, dérivée phase.

Summarized. The goal of this study is to consider the instantaneous frequencies corresponding to the speech signal formant using the wavelet transform. The developed method is based on an analysis of derivative phase of the continuous Morlet wavelet transform coefficients. Using synthesized signals produced by a formant model made it possible to adapt this method to real speech signals and to determinate the instantaneous formantic frequencies for all the types of speech sounds (isolated vowels, syllables and words). Results are satisfactory and join those obtained by other researchers in the field (who were interested especially in isolated vowels).

Keywords: speech signal, instantaneous frequencies, formants, complex wavelet, phase derivative.

Table des matières

Table des matières ii

Introduction générale 1

Chapitre I : Les formants et les méthodes d'extraction de formants ... 3

I.1. Introduction à la production du signal de parole : 4

I.2. Etat de l'art sur les formants : 5

I.3. Description des méthodes les plus courantes pour l'extraction de formants [18] : 10

    I.3.1. Transformée de Fourier à court-terme : 10

    I.3.2. Analyse par prédiction linéaire : 12

    I.3.3. Analyse par transformée homomorphique ou cepstrale : 14

I.4. Conclusion : 17

Chapitre II : Etude et réalisation d'un synthétiseur à formants 18

II.1. Introduction : 19

II.2.1. Description globale de la structure du SAF de KLATT: 19

II.2.2. Description des différentes parties du SAF de KLATT : 20

II.2.3. Les filtres numériques : 22

    II.2.3.1. Filtres du premier ordre : 22

    II.2.3.2. Filtres du second ordre : 22

II.3. Le fonctionnement du SAF de KLATT : 24

    II.3.1. Les sources d'excitation : 26

II.4. Le fonctionnement des structures série et parallèle du SAF et du rayonnement aux lèvres : 31

    II.4.1. Fonctionnement Série du SAF : 31

II.4.2. Fonctionnement Parallèle du SAF : 31

II.4.3. Caractéristiques de rayonnement aux lèvres : 32

II.5. Implémentation du synthétiseur de Klatt série et parallèle : 32

II.5.1. Simulation des sources d'excitation : 32

II.5.2. Description et simulation de la source de bruit : 36

II.5.3. Description de la simulation de la partie conduit vocal : 38

II.6. La commande du synthétiseur : 43

II.6.1. Calcul des paramètres dynamiques (formants et fréquence fondamentales en fonction du temps) de la commande : 44

II.6.2. Réalisation de la commande du synthétiseur –résultats obtenus : 46

II.6.3. Détermination des différents paramètres de commande des sources pour chaque type de son : 47

II.7. Conclusion : 51

Chapitre III : Transformée en ondelettes et fréquence instantanée ... 52

III.1. Introduction : 53

III.2. Historique de la transformée en ondelettes : 53

III.3. Ondelettes : 55

III.3.1. Propriétés des ondelettes : 55

III.3.2. L'Ondelette de Morlet complexe : 57

III.4. Transformée en ondelettes : 58

III.4.1. Transformées continues et transformées discrètes : 60

III.4.2. Transformée en ondelettes en fréquence et en temps : 60

III.5. Energie basée sur la transformée en ondelettes : 61

III.6. Transformée en ondelettes et transformée de Fourier à court-terme : 61

III.6.1. L'avantage de la TO par rapport à la TFCT: 63

III.7. Fréquence instantanée : 64

   III.7.1. Fréquence instantanée spectrale : 64

   III.7.2. Estimation de la fréquence instantanée basée sur une distribution temps-fréquence : 65

   III.7.3 Estimation de la fréquence instantanée pour un signal à plusieurs composantes pseudo-harmoniques : 69

III.8. Conclusion : 70

Chapitre IV : Application de la transformée en ondelettes continues complexes au calcul des formants du signal de parole 71

   IV.1. Introduction : 72

IV.2. Fréquence instantanée et signal analytique : 72

IV.3. La transformée en ondelettes de Morlet continues complexes : 73

   IV.3.1. L'ondelette de Morlet continue complexe : 73

   IV.3.2. La transformée en ondelettes 74

IV.4. Description de la méthode développée : 75

   IV.4.1. Mise en œuvre de la méthode : 77

   IV.4.2. Application sur un signal théorique : 77

   IV.4.3. Application à un signal de parole : 79

      IV.4.3.1. Production des signaux de parole à analyser par le synthétiseur à formants (Klatt) : 82

      IV.4.3.2. Application de la méthode à des signaux de parole réelle : 86

IV.5. Conclusion : 91

Conclusion générale 92

Bibliographie 94

Introduction générale

Les formants sont les fréquences instantanées d'énergie maximale du signal de parole. Ce sont des composants de base des systèmes de codage de reconnaissance ou de synthèse des signaux. Ils peuvent aussi servir pour des applications spécialisées comme l'aide au diagnostique médical (pour des pathologies du larynx, par analyse du signal vocal) etc…

Vu leur importance grandissante, les formants font l'objet de beaucoup de travaux. La difficulté dans le calcul des formants, est liée en grande partie à la non stationnarité du signal de parole.

Les représentations temps-fréquence (comme la transformée en ondelettes continues) ont connu un formidable essor ces 30 dernières années avec l'évolution très rapide des capacités de calcul des ordinateurs. Ces représentations sont adaptées aux signaux présentant un contenu fréquentiel qui varie au cours du temps (ce qui est le cas du signal de parole). Elles fournissent une représentation conjointe en temps et en fréquence, contrairement à la transformée de Fourier qui représente sous forme uniquement fréquentielle l'information contenue dans un signal temporel, d'où l'inconvénient de la perte de la chronologie des évènements.

La transformation en ondelettes reprend la même idée que la transformation de Fourier en adoptant une approche multi-résolution : si nous regardons un signal avec une large fenêtre, nous pourrons distinguer des détails grossiers. De façon similaire, des détails de plus en plus petits pourront être observés en raccourcissant la taille de la fenêtre. L'objectif de l'analyse en ondelettes est donc de réaliser une sorte de microscope mathématique réglable.

Dans cette étude, nous avons développé une méthode de détermination de la variation instantanée des fréquences formantiques du signal de parole basée sur la transformée en ondelettes continues complexes. Le principe de la méthode est l'exploitation de la phase des coefficients de la transformation pour l'extraction de la fréquence instantanée en utilisant une ondelette continue complexe analytique.

L'application de la méthode au signal de parole est réalisée en tenant compte des caractéristiques acoustiques du ce signal. Nous avons procédé en premier à l'ajustement des paramètres de la méthode à partir de trois voyelles (/a/, /i/, /u/) obtenues à l'aide d'un synthétiseur à formants de Klatt, puis nous avons élargi l'application à des signaux réels de parole (voyelles isolées, puis syllabes, mots). Les résultats représentés sur un spectrogramme ont été comparés à ceux obtenus à l'aide d'une méthode classique (LPC). Ils ont été jugés satisfaisants.

Le chapitre I de cette étude porte sur le signal de parole et un état de l'art sur les formants et les méthodes d'extraction de formants.

Pour une meilleure compréhension du rôle des formants dans la production de la parole, nous avons développé et mis en œuvre un modèle à formants de production de la parole au chapitre II. Ce dernier permettra aussi de générer des signaux de parole qui serviront de prototype de validation pour la méthode de détection de formants que nous allons mettre en œuvre au chapitre IV.

Le chapitre III se chargera de nous donner les notions de bases sur les ondelettes, la transformée en ondelettes et la fréquence instantanée d'un signal analytique.

La méthode de détection de formants mise en œuvre dans cette étude sera développée au chapitre IV.

Chapitre I

Les formants et les méthodes d'extraction de formants

I.1. Introduction à la production du signal de parole : 4

I.2. Etat de l'art sur les formants : 5

I.3. Description des méthodes les plus courantes pour l'extraction de formants [18] : 10

    I.3.1. Transformée de Fourier à court-terme : 10

    I.3.2. Analyse par prédiction linéaire : 12

    I.3.3. Analyse par transformée homomorphique ou cepstrale : 14

I.4. Conclusion : 17

I.1. Introduction à la production du signal de parole :

Le signal de parole est le résultat de l'excitation du conduit vocal par un train d'impulsions ou un bruit donnant lieu respectivement aux sons voisés et non voisés (figure I.1 [1]). Dans le cas des sons voisés, l'excitation est une vibration périodique des cordes vocales suite à la pression exercée par l'air provenant de l'appareil respiratoire. Ce mouvement vibratoire correspond à une succession de cycles d'ouverture et de fermeture de la glotte. Le nombre de ces cycles par seconde correspond à la fréquence fondamentale F0. Quant aux signaux non-voisés, l'air passe librement à travers la glotte (du moins pas dans tout le conduit vocal) sans provoquer de vibration des cordes vocales.

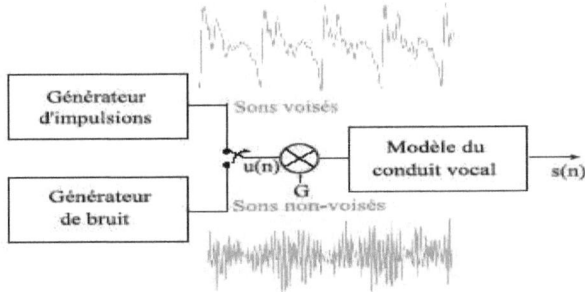

Figure I. 1: Modèle simple de production de la parole (d'après Rabiner).

Le signal de parole est un vecteur acoustique porteur d'informations d'une grande complexité, variabilité et redondance. Les caractéristiques de ce signal sont appelées traits acoustiques. Chaque trait acoustique à une signification sur le plan perceptuel.

Le premier trait acoustique est l'énergie correspondant à l'intensité sonore. Elle est habituellement plus forte pour les segments voises de la parole que pour les segments non voises.

Le deuxième trait est la fréquence fondamentale, fréquence de vibration des cordes vocales. Ses variations définissent le pitch qui constitue la perception de la hauteur (ou les sons s'ordonnent de grave à aigu). Seuls les sons quasi-périodiques (voisés) engendrent une sensation de hauteur tonale bien définie.

Le troisième trait est le timbre qui est une caractéristique permettant d'identifier une personne à la simple écoute de sa voix. Le timbre correspond aux renforcements d'énergies visibles sur le spectre d'un signal de parole qui sont appelé « *formants* ». Le nombre de formants, selon les caractéristiques du conduit vocal, appelé aussi résonateur (césure, volume, forme et ouverture), est variable : d'un seul à (théoriquement) une infinité. Néanmoins, du point de vue perceptif, seuls quelques-uns d'entre eux jouent un rôle central au niveau de la parole. Par exemple, on peut caractériser toute voyelle en ne prenant en compte que ses trois premiers formants. (Pour une réalisation de la voyelle [i] par exemple, les trois premiers formants pourraient se situer respectivement à 300, 2200 et 3000 Hz.).

Les traits acoustiques du signal de parole sont d'une importance capitale pour les systèmes de codages, de synthèse et de reconnaissance de la parole, ce qui justifie le grand nombre de méthodes de calculs de ces différents paramètres. Dans cette étude, nous nous sommes intéressés au calcul des formants. Avant de décrire quelques unes des méthodes d'extraction de formants, il convient de faire un petit état de l'art sur la définition du formant et les méthodes d'extraction de formants.

I.2. Etat de l'art sur les formants :

La définition même des formants est disputée. Les formants ont été définis au départ comme des maxima du spectre vocalique : "The spectral peaks of the sound spectrum are called formants." [2].

Ainsi définis, leur estimation exacte est impossible car dépendante de facteurs comme la position de la fenêtre d'analyse vis à vis des périodes de la fréquence fondamentale, le degré de lissage du spectre, etc. Une définition plus rigoureuse des formants est en tant que fréquences de résonance de la fonction de transfert acoustique du conduit vocal : "Traditionnellement, dans le domaine de la parole, les termes de formant et de pôle sont employés de manière interchangeable ..." [3].

Il existe plusieurs méthodes pour la mesure directe de la fonction du transfert du conduit vocal et, en conséquence, de ses résonances. Cependant, ces méthodes sont complexes et demandent une mise en œuvre spéciale (excitation extérieure). Même les plus rapides en temps de mesure imposent des contraintes trop lourdes pour l'étude de la parole en situation. Ce qui pousse la plupart des auteurs au calcul des résonances de manière classique (à partir du signal vocal préenregistré). Par ailleurs, le signal de parole étant très variable, la plupart des méthodes d'extraction de formants visent à déterminer les trajectoires formantiques.

Les méthodes utilisées pour la détermination des trajectoires formantiques se séparent selon deux approches principales :

- Les méthodes spectrales. La caractéristique commune de ces méthodes est l'analyse fréquentielle par trame. Elles comportent deux étapes souvent découplées :

1. *L'analyse locale* est l'étape qui aboutie au calcul des candidats pour les formants dans chaque trame.

2. *L'analyse dynamique* où le suivi de formants proprement dit est l'étape pendant laquelle les candidats sont reliés pour former une trajectoire.

Ce découplage est un avantage car l'analyse locale est généralement très précise. L'inconvénient tient dans la complexité de la deuxième étape.

– Les méthodes directes. Ces méthodes ne passent pas par une analyse spectrale typique. Elles évaluent les paramètres d'un modèle autorégressif directement à partir du signal. Étant des méthodes récurrentes, la recherche des candidats et la construction des trajectoires sont simultanés. Leurs inconvénients sont liés au coût de calcul et au manque de précision. Elles peuvent travailler aussi par trame mais alors les candidats choisis dans une trame sont employés comme valeurs initiales pour la recherche des candidats dans la trame suivante.

La première étape des méthodes spectrales pour l'extraction de formants, a généré une riche littérature. Nous nous limiterons ici l'énumération des méthodes les plus connues :

− racines du polynôme LPC [4, 5].

− maxima du spectre lissé par le calcul du cepstre

− "Multiband energy demodulation" [6, 7]. Cette méthode récente s'affranchi du modèle autorégressif. Elle utilise un jeu de filtres de Gabor pour fournir les fréquences et les bandes passantes des formants.

Par contraste, le problème du suivi de formants proprement dit a connu moins de solutions originales :

- S. McCandless [4] a proposé en 1974 une première solution. Elle est basée sur un nombre de règles heuristiques pour choisir les candidats d'une trame en fonction des candidats retenus dans la trame précédente.

− Une méthode significativement plus élaborée a été proposée au CRIN par Y. Laprie [8,9,10]. Les améliorations concernent la recherche des conflits (donc une segmentation plus fine de la zone du suivi) et une optimisation globale (sur toute la longueur du suivi) dans la phase du lissage. Cette méthode peut être décomposée en trois étapes :

1. Proposition des trajectoires. Un nombre de trajectoires élémentaires continues sont construites par détection des contours dans le spectrogramme. Ces trajectoires élémentaires sont alors étiquetées en termes de formants et un ensemble de connections possibles sont évaluées. Pour gérer l'explosion combinatoire, une note est affectée à chaque connexion et les n-meilleures solutions sont retenues.

2. Une régulation des trajectoires est effectuée par la méthode des contours actifs [11]. En donnant de la rigidité aux trajectoires, elle ajuste le compromis entre leur degré de lissage et leurs proximités par rapport aux maxima spectraux.

3. La décision finale est prise en réévaluant les notes de chaque solution proposée auparavant.

− Une famille d'algorithmes de suivi a été proposée par G. Kopec en 1985 [12, 13].

Dans sa forme la plus simple, l'algorithme associe à un spectre une probabilité de présenter un certain formant (étape de détection) et une série de probabilités pour que ce formant se trouve dans une suite d'intervalles de fréquence (étape d'estimation). Les deux étapes sont implémentées, séparément ou conjointement, par des chaînes de Markov cachées (HMM) pour un formant ou pour un jeu de formants. À la suite de l'apprentissage des HMM, l'algorithme est capable de choisir pour une suite de spectres voisés donnée la séquence des fréquences des formants la plus probable. L'optimum ici est global, sur toute la séquence des spectres, non pas local à une paire de trames. La méthode présente les avantages et les inconvénients de l'apprentissage des HMM. L'avantage important est qu'il élimine tout critère heuristique de décision tout en fournissant des statistiques intéressantes sur les formants dans le corpus d'apprentissage. Mais la performance est fort dépendante de la qualité et de la dimension de ce corpus. D'autant plus que, une fois ce coûteux apprentissage fini, il n'y a plus aucune possibilité de modifier le seuil de détection ou la précision de l'estimation. Mais la présence du corpus d'apprentissage permet de chiffrer exactement l'erreur moyenne sur les trajectoires.

− G. Rigoll a proposé une série de méthodes directes. La première utilise un estimateur de Kalman pour évaluer les paramètres d'un modèle proche du modèle autorégressif appelé FLPC [14, 15]. La deuxième améliore le coût de calcul en utilisant un estimateur "quasi linéaire" [16]. À chaque instant d'analyse (même pour chaque échantillon de signal) une correction des valeurs des formants obtenus à l'instant précédent est calculée. Ainsi, pour un signal stationnaire, les valeurs des paramètres convergent, dans un processus itératif, vers les valeurs réelles des formants.

− Enfin, M.J. Hunt propose en 1985 un algorithme pour la comparaison des spectres [17] basé sur une anamorphose fréquentielle (Dynamic Frequency Wraping). Cet algorithme peut être utilisé pour mettre en correspondance les formants d'une trame avec ceux de la trame suivante dans un suivi.

Outre l'utilisation à bon escient de connaissances a priori, un autre problème fondamental du suivi des formants est l'évaluation objective des résultats. La comparaison simple avec des suivis de référence est rarement utilisée. La principale raison en est le coût du suivi effectué à la main. Si un corpus de test et un autre d'apprentissage de dimensions conséquentes doivent être passé en revue par l'expert, l'utilité même du suivi automatique est mise en doute. Le plus souvent, l'évaluation est subjective ou faite sur un petit corpus de test.

Par ailleurs, d'autres problèmes sont rencontrés lors de l'implémentation d'un suivi de formants. Ils se résument à deux compromis fondamentaux :

– Le choix des candidats pour la fréquence des formants. Plus la résolution spectrale est fine moins les omissions sont nombreuses mais plus grand est le risque des erreurs par insertion.

– La rigidité des trajectoires. Plus la réactivité du suivi aux candidats observés dans la trame courante est grande, plus grand est le risque de "dérailler" de la vraie trajectoire. Mais, si cette réactivité est trop faible, des variations utiles peuvent être gommées et les chances de récupérer après un "accident" de suivi sont réduites.

Les deux cas représentent donc des exemples typiques du problème plus général du réglage du compromis.

Ce bref aperçu sur le calcul des trajectoires formantiques a montré que la détermination exacte des valeurs formantiques du signal de parole reste un problème posé. Ce qui justifie l'existence de nouvelles méthodes à ce jour. Néanmoins, en attendant l'arrivée de méthodes plus rigoureuses, les méthodes les plus courantes pour le traitement du signal de la parole sont les analyses spectrales réalisées soit par transformée de Fourier à court terme, soit par prédiction linéaire ou soit par évaluation des coefficients cepstraux.

I.3. Description des méthodes les plus courantes pour l'extraction de formants [18] :

I.3.1. Transformée de Fourier à court-terme :

L'idée de représentation d'un signal de parole dans le domaine fréquentiel vient du fait que celui-ci montre une certaine périodicité et stationnarité à court terme (voir figure I.2 et I.3).

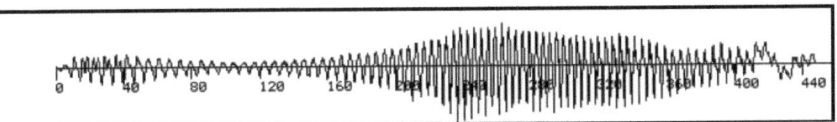

Figure I. 2 : Signal temporel de parole.

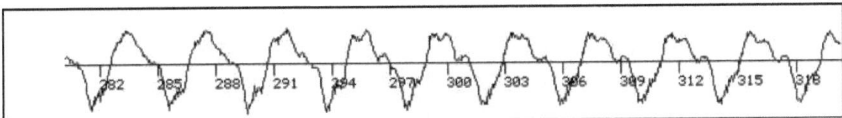

Figure I. 3 : Zoom sur le signal.

La transformée de Fourier d'un signal s(t) est définie par :

$$F(\omega) = [\mathfrak{I}(s)](\omega) = \int_R s(t)\, e^{-j\omega t} dt \qquad (I.1)$$

où ω est la pulsation complexe. Cependant, comme les sons ont une durée limitée, il importe plus de connaître le spectre à court terme, c'est-à-dire les caractéristiques spectrales de la parole à un instant donné qui doivent permettre d'identifier les différents sons produits au cours du temps. En outre, il est impossible de connaître le signal de parole entre -∞ et +∞ (serait-ce intégrable ?). Enfin, on ne peut considérer la parole comme étant un signal périodique stationnaire que sur une durée de quelques millisecondes. C'est pourquoi on a défini la transformée de Fourier à court terme du signal comme l'analyse d'une portion de signal vue au travers d'une fenêtre temporelle h(t) comme celle représentée par la figure I.4 :

$$\mathcal{F}(\omega, t) = \int_R s(\tau)\, h(t-\tau) e^{-j\omega\tau} d\tau \qquad (I.2)$$

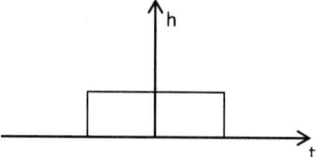

Figure I. 4 : Fenêtre.

Le prélèvement d'une partie du signal par une fenêtre induit donc une imprécision sur la valeur exacte de la transformée de Fourier du signal à une fréquence donnée. Ceci conduit à deux types de spectrogramme :

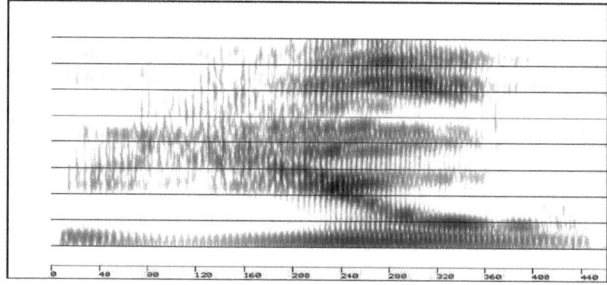

Figure I. 5: Spectrogramme à bande large.

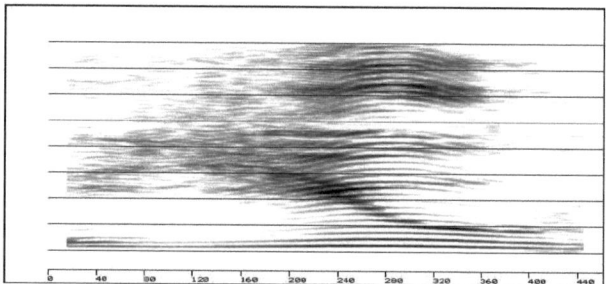

Figure I. 6 : Spectrogramme à bande étroite.

— le spectre bande large. Dans ce cas peu de points sont prélevés du signal, par conséquent la convolution intègre la « vraie » valeur du spectre sur des bandes de fréquence larges (**figure I.5**).

— le spectre bande étroite. Plus de points sont prélevés, le spectre de la fenêtre s'approche de la distribution de Dirac, donc la bande spectrale est de plus en plus fine (**figure I.6**).

En outre le signal est échantillonné et on ne le connaît qu'en certains points multiples de la période d'échantillonnage. Soit donc $\prod_v$ le peigne de Dirac pour la fréquence « v », est $s_e = s . \prod_v$ le signal échantillonné.

La transformée de Fourier d'un produit étant égale au produit de convolution des facteurs, on a $\quad \mathcal{F}(s_e) = \mathcal{F}(s) * \mathcal{F}(\prod_v .)$

Par conséquent les valeurs des transformées de Fourier de « s » et de « s_e » sont égales au facteur « v » près pour les valeurs de « ω » multiples de « v ». L'échantillonnage induit donc une périodicité de la transformée de Fourier.

Ces deux représentations sont complémentaires. En effet, le spectre à bande large possède une meilleure définition temporelle et permet d'identifier les fréquences de résonance du conduit vocal (larges bandes foncées) plus précisément que sur le spectre à bande étroite. Cependant celui-ci, grâce à sa meilleure définition fréquentielle, fait apparaître les harmoniques (fines bandes foncées). Il est donc plus utile pour étudier l'influence de la source glottale.

I.3.2. Analyse par prédiction linéaire :

Cette technique est fort utilisée dans le codage de parole. Pour la reconnaissance de la parole, elle se justifie en considérant le modèle de parole simplifié source/conduit. Dans ce modèle, le signal de parole « y » vaut

$$y_n = \sum_k a_k . y_{n-k} + G e_n \qquad (I.3)$$

La transformée en Z conduit à

$$Y(z) = (1 - \sum_{k} a_k \cdot z^{-k}) \quad (I.4)$$

La fonction de transfert du conduit est donc égale à

$$H(z) = \frac{Y(z)}{E(z)} \quad (I.5)$$

L'analyse par prédiction linéaire conduit à estimer les coefficients de la fonction de transfert du conduit vocal. Elle estime l'échantillon courant $\hat{y}_n$ en fonction des K échantillons précédents :

$$\hat{y}_n = \sum_{k=1}^{K} a_k \cdot y_{n-k} \quad (I.6)$$

Soit : $e_n = y_n - \hat{y}_n$ l'erreur commise en estimant y_n par $\hat{y}_n$.

Le but est de trouver les coefficients a_k minimisant l'erreur $E = \sum e_n^2$.

En dérivant l'erreur de prédiction E par rapport aux a_k on obtient :

$$\frac{\partial E}{\partial a_l} = -2 \sum_{n} y_n \cdot y_{n-l} + 2 \sum_{n} \left(\sum_{k=1}^{K} a_k \cdot y_{n-k} \right) \cdot y_{n-l} \quad (I.7)$$

Après réorganisation des termes, et en posant :

$$x_{k,l} = \sum_{n} y_{n-k} \cdot y_{n-l} \quad (I.8)$$

On obtient les équations de Yule-Walker :

$$x_{l,0} = \sum_{k=1}^{K} a_k \cdot x_{k,l} \quad (I.9)$$

Pour résoudre ces équations, on prend une fenêtre dans laquelle n varie. Ensuite deux manières permettent de construire les $x_{k,l}$:

— Soit on n'utilise que des y_k à l'intérieur de la fenêtre en fixant $y_k = 0$ en dehors. On obtient alors le calcul par la méthode d'autocorrélation. Dans ce cas, les coefficients d'autocorrélation $x_{k,1} = x_{1,k}$ peuvent être obtenus soit directement à partir du signal temporel, soit comme transformée de Fourier inverse du spectre de puissance obtenu, par exemple, à partir d'une simulation dans le domaine fréquentiel. La résolution des équations de Yule-Walker s'effectue en utilisant l'algorithme de Durbin [1].

— Soit on conserve les vraies valeurs de y_k à l'extérieur de la fenêtre où n varie, et on résout le système par la méthode de covariance. Pour cela il faut inverser la matrice symétrique des $x_{k,1}$. À partir des coefficients ainsi calculés, il est possible de rechercher les racines du dénominateur de l'équation I.5 qui correspondent aux modes de résonance du conduit vocal (formants). Or les trois premières fréquences de résonance sont suffisantes pour caractériser les voyelles du français. Cette analyse est donc utilisée pour paramétrer le signal acoustique afin d'alimenter une architecture de reconnaissance, mais aussi pour l'estimation précise des valeurs des fréquences des formants.

I.3.3. Analyse par transformée homomorphique ou cepstrale :

Le cepstre est basé sur la connaissance du modèle source/filtre de production de la parole qui consiste à définir le signal de parole comme le résultat de la convolution de la fonction de transfert du conduit vocal (filtre) par un signal d'excitation (source). Le but du cepstre est de séparer ces deux contributions (source et filtre) par application de la deconvolution à travers une transformée en cosinus discret. Le processus de calcul du cepstre est le suivant où s, u et h : le signal de parole, le signal d'excitation (source) et la fonction de transfert du conduit vocal (filtre),

$$s = u * h \qquad (I.10)$$

Pour cela on utilise la propriété de la transformée de Fourier : la transformée de Fourier d'un produit de convolution est égale au produit des transformées de Fourier des facteurs. Puis on utilise la propriété du logarithme : le logarithme d'un produit est égal à la somme des logarithmes facteurs.

$$TFD(s) = UH \qquad (I.11)$$

Le logarithme de l'amplitude transforme le produit de la TFD en somme. On obtient alors :

$$log|S(v)| = log|U| + log|H| \qquad (I.12)$$

Par transformation en cosinus discret (DCT), on obtient le cepstre. L'expression du cepstre réel est donc :

$$c = DCT(\log(TFD(s))) \qquad (I.13)$$

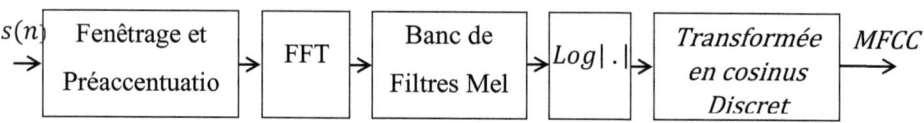

Figure I. 7 : Chaine de calcul des coefficients MFCC.

On retourne dans un domaine pseudo-temporel par une transformée de Fourier inverse, la transformée de Fourier inverse d'une somme étant égale à la somme des transformées de Fourier inverse des termes, il résulte alors de ces transformations une contribution additive de la source et du conduit. La fonction obtenue est appelée cepstre et le domaine dans laquelle elle prend ses valeurs est appelé domaine quéfrentiel. Pour les sons voisés, le cepstre présente un pic à une distance égale à la période fondamentale F_0.

En revanche, la contribution de la source est localisée principalement dans les premiers coefficients du cepstre. On peut alors appliquer un filtre pour séparer les premiers coefficients des derniers : on appelle ce filtrage liftrage. La réponse impulsionnelle du conduit vocal peut s'obtenir en appliquant un filtre qui supprime les derniers coefficients, puis en appliquant successivement une transformée de Fourier, une exponentiation et une transformée de Fourier inverse. Les coefficients cepstraux calculés sur une échelle Mel ou Bark peuvent servir directement à alimenter une architecture de reconnaissance de la parole.

La procédure de calcul pas à pas des MFCC est la suivante (voir la figure I.8) :

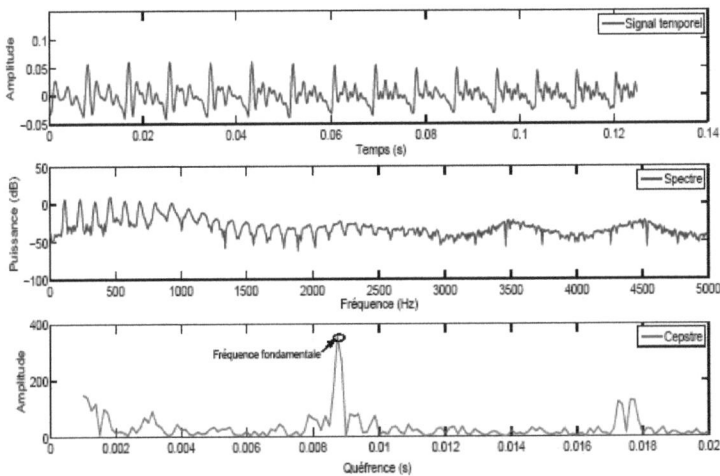

Figure I. 8 : La procédure de calcul des coefficients MFCC.

— Découpage en trame (stationnarité), chevauchement (éviter les transitions brusques de trame en trame).

— Préaccentuation (pour donner plus d'énergie et renforcer la contribution des hautes fréquences) avec un filtre passe-haut de la forme $1 - 0.9z^{-1}$ puis fenêtrage de Hanning (pour la continuité aux bords).

— Calcul de la transformé de fourrier discrète (TFD) sur chaque trame.

— Filtrage par un banc de filtres triangulaires repartis le long de l'échelle de Mel.

— Calcul du logarithme du module de l'énergie en sortie du banc de filtres.

— Application de la Transformée en Cosinus Discrète inverse (joue le rôle d'une TFD inverse).

Seuls les premiers coefficients sont conserves. Par exemple, dans la reconnaissance de la parole, on utilise les 12 premiers coefficients. Le premier coefficient c_0 représente l'énergie mais peut être remplace par le log de l'énergie moyenne des échantillons.

I.4. Conclusion :

Dans cette partie, nous avons vu que la grande variabilité du signal de parole conduit vers une importante complexité de l'extraction des formants. Ce qui justifie le grand nombre de méthode de calcul de formants que revêt la littérature. Afin d'essayer de contribuer au calcul de ces importants paramètres, nous nous sommes penchés sur le développement d'une méthode temps échelle basée sur la transformée en ondelettes. Avant d'arriver au chapitre III qui fait l'objet de l'étude et la réalisation de la méthode de détection de formants réalisée, nous trouverons au chapitre II, l'implémentation d'un modèle à formants de production de la parole. Ce dernier servira à produire les signaux de base pour la validation de la méthode d'extraction de formants développée au chapitre IV.

Chapitre II

Etude et réalisation d'un synthétiseur à formants

II.1. Introduction : 19

II.2.1. Description globale de la structure du SAF de KLATT: 19

II.2.2. Description des différentes parties du SAF de KLATT : 20

II.2.3. Les filtres numériques : 22

    II.2.3.1. Filtres du premier ordre : 22

    II.2.3.2. Filtres du second ordre : 22

II.3. Le fonctionnement du SAF de KLATT : 24

    II.3.1. Les sources d'excitation : 26

II.4. Le fonctionnement des structures série et parallèle du SAF et du rayonnement aux lèvres : 31

    II.4.1. Fonctionnement Série du SAF : 31

    II.4.2. Fonctionnement Parallèle du SAF : 31

    II.4.3. Caractéristiques de rayonnement aux lèvres : 32

II.5. Implémentation du synthétiseur de Klatt série et parallèle : 32

    II.5.1. Simulation des sources d'excitation : 32

    II.5.2. Description et simulation de la source de bruit : 36

    II.5.3. Description de la simulation de la partie conduit vocal : 38

II.6. La commande du synthétiseur : 43

    II.6.1. Calcul des paramètres dynamiques (formants et fréquence fondamentales en fonction du temps) de la commande : 44

    II.6.2. Réalisation de la commande du synthétiseur –résultats obtenus : 46

    II.6.3. Détermination des différents paramètres de commande des sources pour chaque type de son : 47

II.7. Conclusion : 51

II.1. Introduction :

Nous avons développé dans cette partie un modèle à formants de production de la parole : le synthétiseur à formants de Klatt. Le but dans un premier temps est la compréhension de l'importance des formants dans de la production de la parole, ensuite, de générer des signaux de parole dont nous connaissons au préalable les valeurs formantiques. Ces derniers serviront de prototype de validation pour la méthode de détection de formants que nous allons mettre en œuvre au chapitre IV. Nous commencerons ce chapitre donc par une description du synthétiseur à formants (SAF) de Klatt.

II.2.1. Description globale de la structure du SAF de KLATT:

En 1980, Dennis Klatt avait proposé un synthétiseur à formants qui incorpore à la fois les deux synthétiseurs à formants série et parallèle (figure II.1). La qualité de synthèse était ainsi très prometteuse. Le modèle a été incorporé dans plusieurs systèmes TTS (Texte To Speech).

De par son principe, le synthétiseur à formants de Klatt simule plus fidèlement le fonctionnement de l'appareil vocal, que les autres types de synthétiseurs comme le vocodeur à canaux. Il est à cet effet constitué d'un ensemble de filtres résonants dont la courbe de réponse globale en fréquence reproduit celle du conduit vocal. Les signaux issus d'une source d'impulsions périodiques et d'une source de bruit viennent attaquer ces circuits résonants.

Chacun des filtres résonants dit « circuit de formants », amplifie une bande de fréquence correspondant à une résonance des cavités en couplage du conduit vocal.

L'évolution des formants est représentée par des tensions qui contrôlent la fréquence de résonance des filtres. La synthèse des sons voisés nécessite généralement l'utilisation de trois circuits de formants.

Pour la production des sons non voisés, la source de bruit attaque un canal différent comprenant deux circuits résonants. Pour commander un synthétiseur à formants, il faut une dizaine de tensions contrôlant source et circuit résonants.

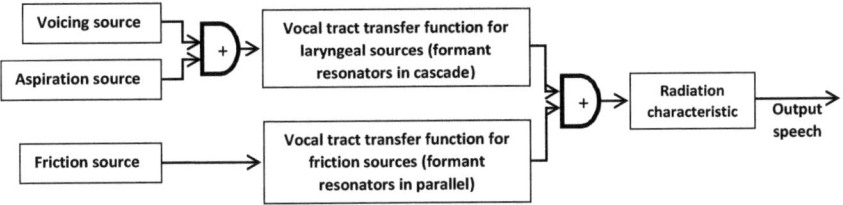

Figure II. 1: Le synthétiseur à formants mixte.

Ce type de synthétiseur est bien adapté à la synthèse par règle ou par diphones. Par contre, l'analyse préalable des caractéristiques des phonèmes ou des diphones est assez complexe. La réalisation technologique est assez simple. Ce synthétiseur est moins encombrant que celui d'un vocodeur à canaux.

II.2.2. Description des différentes parties du SAF de KLATT :

Les différents étages du synthétiseur sont représentés en figure II.2. L'entrée du synthétiseur est composée de trois sources d'excitation qui sont :

- la source de voisement
- la source d'aspiration
- la source de friction

Ces trois sources vont fournir des signaux d'excitation au conduit buccal et nasal qui va constituer le conduit vocal. Ce dernier est lui aussi constitué de filtres résonants aux fréquences formantiques. En sortie nous trouvons un filtre numérique du premier ordre simulant le rayonnement aux lèvres.

Ce synthétiseur à formants est construit à base de filtres numériques qui sont :

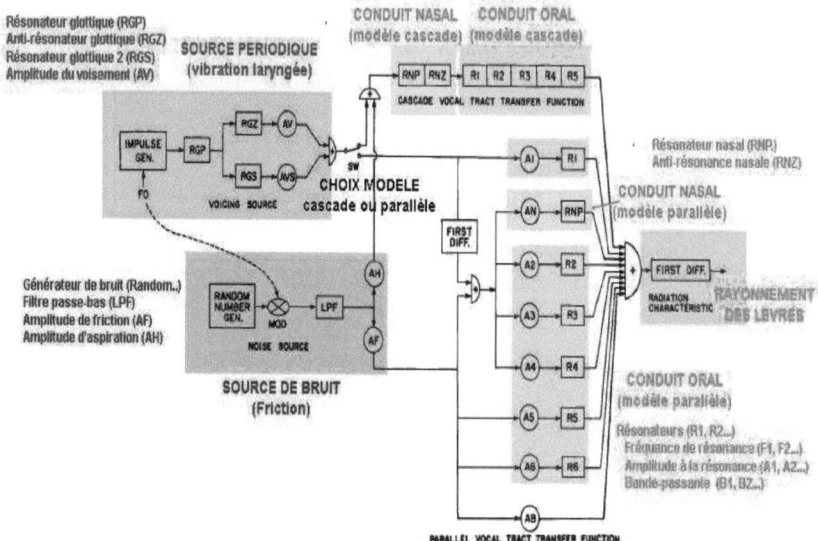

Figure II. 2: Diagramme bloc du synthétiseur de Klatt [19].

-**RGP** (*Resonator of Glottal Pole*) résonateur glottique utilisé comme filtre passe-bas pour transformer l'impulsion glottique en une impulsion ayant les caractéristiques ondulatoires et spectrales d'une voix normale ;

-**RGS** (*Resonator of Glottal Sinusoïdal*) résonateur glottique sinusoïdal utilisé comme filtre passe-bas pour filtrer la voix normale, obtenue en sortie du résonateur RGP, pour produire une onde glottique quasi-sinusoïdale ;

-**RNP** (*Resonator of Nasal Pole*) résonateur nasal;

-**R1,… R6** résonateurs formantiques;

-**RGZ** (*Resonator of Glottal Zero*) antirésonateur glottique et *RNZ* (*Resonator of NasalZero*) antirésonateur du zero nasal;

-**LPF** (*Low Pass Filter*) filtre passe-bas;

-**Diff** et *Read* filtres passe-haut ;

-**AV** (*Amplitude of Voicing*) amplitude de l'antirésonateur glottique ;

-*AVS* (*Amplitude of Sinusoïdal Voicing*) amplitude du résonateur nasal ;

-*AN* (*Amplitude of Nasal*) amplitude du résonateur nasal ;

-*AB* (*Amplitude of cascade/parallel Bypass*) amplitude de dérivation.

Chacun des filtres résonants dit « circuit de formants », amplifie une bande de fréquence correspondant à une résonance des cavités en couplage du conduit vocal.

II.2.3. Les filtres numériques :

Les circuits du SAF de KLATT sont réalisés à l'aide de filtres numériques simulés par ordinateur en se basant sur les formules mathématiques de leur fonction de transfert et cela selon leur ordre. Ainsi, si H(p) est la fonction de transfert d'un filtre analogique linéaire, H(z) sera la transformée en Z du filtre numérique avec les même propriétés.

II.2.3.1. Filtres du premier ordre :

On peut distinguer deux sortes de filtres du premier ordre dans le SAF ; le premier est un filtre passe-bas simulant le conduit vocal vu par la source de bruit ; le second est un passe-haut représentant l'effet du rayonnement du son au niveau des lèvres.

La simulation des filtres du premier ordre se réalise grâce à l'équation mathématique qui relie l'entrée x et la sortie y :

$$y(nT) = x(nT) + y(nT - T) \qquad (\text{II.1})$$

II.2.3.2. Filtres du second ordre :

Nous retrouvons également deux types de filtres du second ordre dans le SAF :

- Résonateurs numériques (pour les formants).
- Anti-résonateurs numériques (anti-formants pour les sons nasalisés).

- **Résonateurs numériques :**

Le synthétiseur permet d'approcher la fonction de transfert du conduit vocal excité au larynx grâce à des résonateurs numériques(figures II.3 et II.4) simulés par une équation du second ordre.

Les échantillons de sortie d'un résonateur numérique y(nT) sont calculés à partir de la séquence d'entrée par l'équation [20] :

$$y(nT) = A * x(nT) + B * y((n-1)T) + C * y((n-2)T) \qquad (\text{II.2})$$

Trois paramètres sont utilisés pour spécifier les caractéristiques d'entrés/sortie d'un résonateur : la fréquence du résonateur, la bande passante et l'amplitude. La fonction de transfert du résonateur est donnée par :

$$T(Z) = \frac{A}{[1 - BZ^{-1} - CZ^{-2}]} \qquad (\text{II.3})$$

Avec $\quad Z = e^{j2\pi ft}$

A, B et C sont les coefficients de prédiction récursive qui permettent de calculer la séquence des échantillons de sortie en fonction de celle de l'entrée.

$$B = 2 * e^{-\pi BWt} \cos(e^{-2\pi ft}) \qquad (\text{II.4})$$

$C = -e^{-2\pi BWt}$, $\quad A = 1 - B - C$

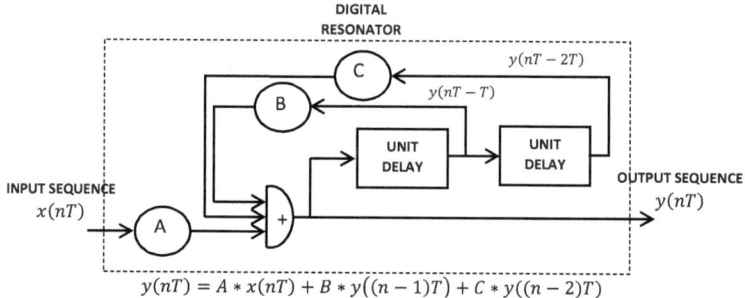

Figure II. 3: Résonateur numérique.

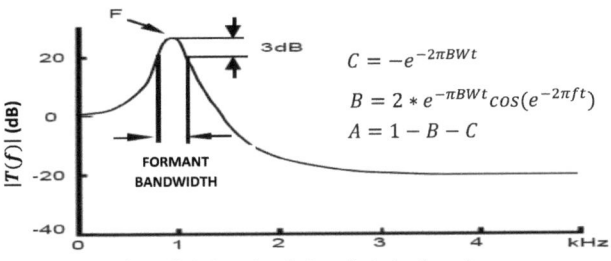

Figure II. 4: Fonction de transfert du résonateur.

- **Anti-résonateur numérique (Anti-formant) :**

Il peut être réalisé par une petite modification des équations du résonateur numérique. Il est utilisé dans le synthétiseur pour modéliser le spectre de la source voisée mais aussi pour simuler les effets du son nasalisé.

La sortie d'un antiformant $Y(nT)$ est associée à l'entrée $X(nT)$ par l'équation :

$$y(nT) = A' * x(nT) + B' * x(nT - T) + C' * (nT - 2T) \quad (II.5)$$

Où $x(nT - T)$ et $y(nT - T)$ sont les deux valeurs préalables de $x(nT)$ et les constantes A', B', C' sont données par :

$$A' = \frac{1}{A}, \qquad B' = -\frac{B}{A}, \qquad C' = -\frac{C}{A}.$$

Et A, B, C sont obtenus par les équations (II.4) en inversant l'antiforme f et la bande BW à 3dB.

II.3. Le fonctionnement du SAF de KLATT :

La synthèse de Klatt est basée sur trois composantes principales (figure II.5).

Le signal de la source est modélisé dans le cas le plus simple par un signal sinusoïdal [21], mais des formulations plus récentes définissent différents modèles de source selon différents modes de production vocale (Klatt & Klatt, 1990 : glotte plutôt fermée – « voix laryngée », glotte normale- « voix normale », glotte plutôt ouverte- «voix aspirée »). Le choix de la forme du signal de base détermine les caractéristiques spectrales de la fréquence fondamentale F_0 et des fréquences harmoniques fournies au départ.

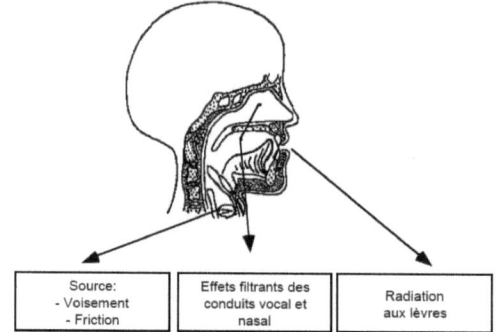

Figure II. 5: Conceptualisation fondamentale du modèle source-filtre.

Le modèle est divisé en trois parties, la source (le voisement, la friction), le filtre (simulation des effets filtrants des conduits oral et nasal), et la radiation aux lèvres.

- Pour la génération de voyelles et de consonnes voisées, une série de filtres approximant les 4-6 premiers formants est imposée à l'onde de source (figure II.6).

- Pour les fricatives, un générateur de signaux aléatoires fournit des sources de bruit convenables, à moduler par des filtrages subséquents.

- Dans le cas de plosives, une période silencieuse est suivie par un bruit de plosion, ainsi que par une transition légèrement affriquée vers le son suivant.

Retenons que ce type de simulation reste approximatif dans deux sens :

- Premièrement, le spectre d'un tel signal ne ressemble que partiellement au spectre d'une voix naturelle.
    - La simulation des consonnes est approximative.
    - Par rapport aux voyelles, les résultats des mesures effectuées indiquent que les formants synthétiques de cette approche sont généralement plus « plat » (c'est à dire montrent moins d'amplitude) que les formants naturels (figure II.5).

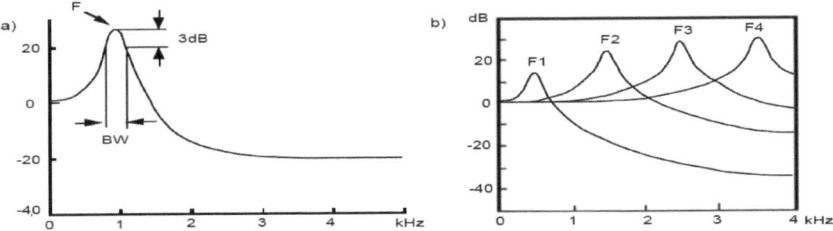

Figure II. 6: Simulation des formants au moyen du filtrage successif de l'onde de source par une série de filtres.

(a) La forme du filtre est déterminée par F, sa fréquence centrale et par BW ("Bandwidth") sa largeur de bande entre les deux points de diminution par 3db du maximum.

(b) Les effets de superposition de plusieurs filtres de ce type s'approchent du spectre naturel de la voix en production de parole.

Ce qui donne la qualité 'robotique' de cette voix synthétisée.

II.3.1. Les sources d'excitation :

Il existe deux sortes de sources d'excitation pouvant être activées durant la production de la parole :

- La première consiste en des vibrations périodiques des cordes vocales ; elle est appelée source de voisement.
- La deuxième consiste en la génération de bruit résultant d'un flot d'air pulmonaire traversant le conduit vocal resserré. Le bruit résultant est nommé aspiration si le point de resserrement se trouve au niveau des cordes vocales, par exemple lors de la production du [h]. Si le resserrement se trouve au niveau du larynx, comme pour la production du son [s], le bruit résultant est appelé son fricatif.

II.3.1.1. La source de voisement :

La structure de cette source est schématisée sur la figure (II.7). Les paramètres variables de contrôle de cette source sont :

F0 : fréquence fondamentale.

Av : amplitude d'une voix normale. Selon le choix désiré, nous pouvons varier le paramètre de 60dB pour une voyelle forte à 0dB quand il n'y a aucun voisement.

AVS : elle varie de 60dB pour une fricative fortement voisée à 0dB si aucune voix quasi sinusoïdale n'est présente.

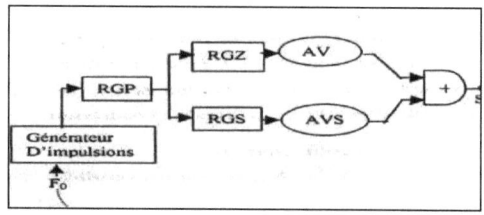

Figure II. 7: La source de voisement dans le synthétiseur de Klatt.

L'élément de base est une source d'impulsions dont le spectre doit être plat jusqu'à 4KHz environ. Le train d'impulsion passe à travers un filtre passe-bas « RGP » pour produire une onde lisse qui ressemble à la vitesse volumique de l'onde glottique (voir figure II.7.a). La fréquence de résonance FGP est fixée à 0Hz et BGP à 100Hz.

Les impulsions ainsi filtrées ont un spectre dont la pente de décroissance est de

-12dB/octave au-dessus de 50Hz (figure II.8.c).

Le signal obtenu à la sortie du filtre « RGP » est utilisé de deux manières :

- L'un pour générer un voisement normal.

- L'autre pour générer un voisement quasi-sinusoïdal.

a) Voisement normal (source AV) :

L'onde générée par le filtre « RGP » n'a pas le même spectre de phase qu'une vibration glottique typique et ne contient pas de zéros dans le spectre du type qui apparaît souvent dans une voix naturelle. Ces différences sont très importantes au niveau de la perception.

Le signal de sortie du filtre « RGP » sera donc l'entrée du filtre « RGZ » qui générera un voisement normal (figure II.8.a). L'anti-résonateur « RGZ » est utilisé pour modifier les détails du modèle du spectre de la source.

b) Voisement quasi-sinusoïdal (source AVS) :

Cette onde obtenue en filtrant une impulsion par des filtres numériques « passe-bas » « RGP » et « RGS ». La fréquence de contrôle de « RGS » est fixée à 0 pour produire un filtre passe-bas et « BGS » à 200Hz détermine la fréquence de coupure au-delà de laquelle des harmoniques sont fortement atténuées.

L'onde et l'enveloppe spectrale générées par les filtres « RGS » et « RGZ »sont illustrées en (figure II.8.b).

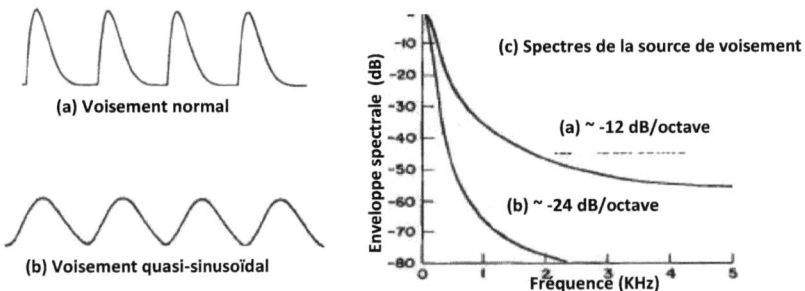

Figure II. 8: Comparaison Source de voisement [19]

(a) voisement normal, (b) voisement sinusoïdal, (c) leurs spectres respectifs.

II.3.1.2. Les sources de bruit :

La source de bruit pour les sons non voisés est simulée dans le synthétiseur par un générateur de nombres pseudo aléatoires, un modulateur, un filtre numérique passe-bas à -6dB/octave et deux amplitudes de contrôle « AF » pour les sources fricatives et « AH » pour les sources d'aspirations (voir figure II.9).

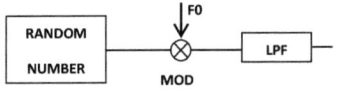

Figure II. 9: La source de bruit dans le SAF.

a) Source fricative :

Le spectre de la source fricative est approximativement plat, et la distribution d'amplitude est gaussienne. Les signaux produits par le générateur ont une distribution uniforme d'amplitude entre les limites déterminées par la valeur du paramètre de contrôle « AF ».

La source de bruit attaque une fonction de transfert qui simule grossièrement l'impédance du conduit vocal vu de la source de bruit dans le cas réel.

Cette fonction de transfert est celle d'une intégration. L'intégrale est approximée par un filtre numérique passe-bas du premier ordre « LPF », illustré en Figure (II.10). Les échantillons de sortie $y(nT)$ sont liés à $x(nT)$ par l'équation :

$$y(nT) = x(nT) + y(nT - T) \qquad (II.6)$$

Pour certain sons (par exemple les fricatives voisées), la source de bruit et la source voisée coexistent et le bruit est modulé en amplitude à la fréquence fondamental « F0 ». Pour simplifier la réalisation, le bruit est modulé par un signal carré de fréquence « F0 ». Le degré de modulation est fixé à 50% dans le synthétiseur. L'amplitude de bruit fricatif est déterminée par « AF », une valeur de 60dB générera une forte friction tandis qu'une valeur nulle, éteint automatiquement la source fricative.

b) Source d'aspiration :

Cette source intervient dans le cas des voisés ou des fricatives. L'amplitude de la source est déterminée par « AH », sa valeur varie de 80dB, qui donne une forte aspiration, à 0dB alors qu'une valeur de zéro coupe la source d'aspiration.

Le tableau II.1 donne les valeurs par défaut des paramètres du synthétiseur de Klatt.

N	V/C	Variable	signification	Min	Max	Type
1	V	AV-dB	Amplitude voisée	0	80	0
2	V	AF	Amplitude fricative	0	80	0
3	V	AH	Amplitude aspiration	0	80	0
4	V	AVS	Amplitude quasi-sinus	0	80	0
5	V	F0-Hz	Fréquence fondamentale	0	500	0
6	V	F1	Formant1	150	900	450
7	V	F2	Formant2	500	2500	1450
8	V	F3	Formant3	1300	3500	2450
9	V	F4	Formant4	2500	4500	3300
10	V	FNZ	Fréquence RNZ	200	700	250
11	C	AN-dB	Amplitude nasale	0	80	0
12	C	A1	Amplitude-formant1	0	80	0
13	V	A2	Amplitude-formant2	0	80	0
14	V	A3	Amplitude-formant3	0	80	0
15	V	A4	Amplitude-formant4	0	80	0
16	V	A5	Amplitude-formant5	0	80	0
17	V	A6	Amplitude-formant6	0	80	0
18	V	AB	Amplitude schunt	0	80	0
19	V	B1-Hz	Bande passante de F1	40	500	50
20	V	B2	Bande passante de F2	40	500	70
21	V	B3	Bande passante de F3	40	500	110
22	C	SW	Interrupteur	0(*cascade*)	1(*parallele*)	0
23	C	FGP	Fréquence RGP	0	600	0
24	C	BGP	Bande passante de RGP	100	2000	100
25	C	FGZ	Fréquence de RGZ	0	5000	1500
26	C	BGZ	Bande passante de RGZ	100	9000	6000
27	C	B4	Bande passante de F4	100	500	250
28	V	F5	Formant 5	3500	4900	3750
29	C	B5	Bande passante de F5	150	700	200
30	C	F6	Formant 6	4000	4999	4900
31	C	B6	Bande passante de F6	200	2000	1000
32	C	FNP	Fréquence de RNP	200	500	250
33	C	BNP	Bande passante de RNZ	50	500	100
34	C	BNZ	Bande passante de RGS	50	500	100
35	C	BGS	Qualité d'échantillons	100	1000	200
36	C	SR	Nombre d'échantillons	5000	20000	10000
37	C	NWS	Gain de contrôle	1	200	50
38	C	G0	Nombre de filtre S	0	80	47
39	C	NFC		4	6	5

Tableau II. 1 : Liste des paramètres de contrôle du synthétiseur à formants. V: variable, C: constante.

II.4. Le fonctionnement des structures série et parallèle du SAF et du rayonnement aux lèvres :

II.4.1. Fonctionnement Série du SAF :

Cette configuration illustre parfaitement les voyelles orales et les voyelles nasales. Elle se distingue par l'association en série des résonateurs RNP, RNZ puis de cinq résonateurs « R1, R2, R3, R4, R5 » (les R_i et RNP ont le même nombre de pôles). Les résonateurs R_i assurent la représentation formantique de chaque voyelle.

L'entrée du résonateur RNP est attaquée par la somme des signaux de sortie des sources de voisement et d'aspiration.

En même temps les résonateurs RNP, R2, R3, R4, R5 et la dérivation AB (contrôle de gain) de la structure parallèle sont attaqués à leur entrée par la source de friction (multipliée par les amplitudes respectives).

Les nasales sont assurées par les filtres « RNP » et « RNZ » (structure série). Le résonateur RNP possède une fréquence de pôle nasal « FNP », et « RNZ » possède une fréquence de zéros nasal « FNZ ».

Si « FNP=FNZ », le phonème de nasalisation n'a pas lieu et dont l'effet est la réduction du premier formant « F1 » dû à la présence de cette paire pôle/zéros, justement autour de « F1 ».

Donc, par exemple, il suffit de fixer « FNP » à 270HZ et de faire varier « FNZ ». Si nous ne considérons pas l'effet de « RNP et RNZ », la fonction de transfert de la configuration série sera sous cette forme :

$$T(f) = \prod_{n=1}^{5} \frac{A(n)}{1 - B(n)Z^{-1} - c(n)Z^{-2}} \quad (II.7)$$

Où $A(n)$, $B(n)$ et $C(n)$ sont des constantes associées au n-ième formant et qui peuvent être calculées indépendamment d'après (II.4).

II.4.2. Fonctionnement Parallèle du SAF :

L'entrée du résonateur RNP de la structure série est attaquée par la source d'aspiration. C'est-à-dire que cette structure est excitée uniquement par le bruit d'aspiration.

Le filtre R1 est attaqué par la source voisée tandis que RNP, R2, R3, et R4 sont attaqués par la somme de la dérivée première de la source voisée (cette technique ayant pour but de supprimer l'énergie basse fréquence des formants R2, R3, R4 qui risquerait de perturber la réponse fréquentielle dans les régions du premier formant « F1 ») et de la source fricative.

La source de bruit fricative attaque directement les filtres R5, et R6. Une entrée directe (un shunt) du bruit est assurée par le contrôle de gain AB car les fonctions de transfert pour les fricatives voisées [f], [v], [p], et [b] ne contiennent pas de pics résonnants remarquables. Le sixième formant a été ajouté à la branche pour la synthèse de très grandes fréquences de bruit tels que le / s / ou le / z / au lieu de déplacer « F5 » vers les hautes fréquences.

Pour les deux fonctionnements, la somme des sorties des structures parallèle et série constitue le signal sorti qui doit subir un traitement en aval, qui correspondra au rayonnement aux lèvres.

II.4.3. Caractéristiques de rayonnement aux lèvres :

La partie nommée « caractéristiques de rayonnement » sur la Figure (II.2), représente l'effet du son rayonnant au niveau des lèvres et de la tête, comme étant une fonction de la fréquence. Elle est simulée dans le synthétiseur comme étant un filtre passe-haut, en prenant la première différence du débit « lèvre-nez » :

$$p(nT) = u(nT) - u(nT - T) \qquad (II.8)$$

II.5. Implémentation du synthétiseur de Klatt série et parallèle :
II.5.1. Simulation des sources d'excitation :
II.5.1.1. Description et simulation de la source voisée : [19]

La source de voisement telle qu'elle est proposée par D.Klatt est illustrée par la figure (II.10) Elle est actionnée lors de la production des sons voisés.

Dans le synthétiseur de Klatt, cette source est réalisée grâce à un ensemble de résonateurs, générant en parallèle une onde glottique et une onde quasi-sinusoïdale. La somme de ces deux ondes résulte l'onde de voisement.

Figure II. 10: Schéma fonctionnel d'un modèle de base de la source voisée.

L'organigramme donné en figure (II.11) présente les étapes à suivre pour générer l'onde de voisement. Cet organigramme est constitué de plusieurs blocs tels que :

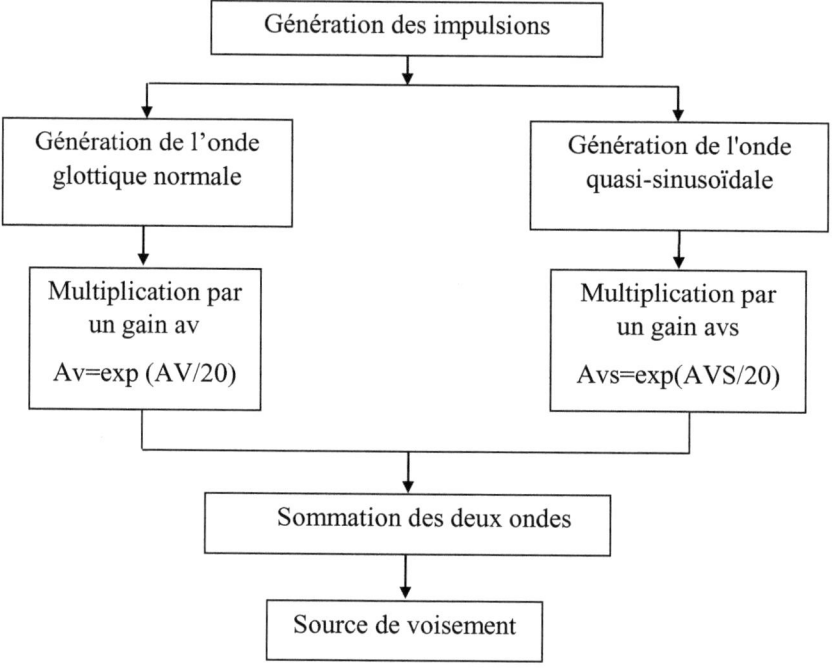

Figure II. 11: Organigramme de la source de voisement

II.5.1.2. Génération des impulsions :

Le modèle se compose à l'entrée d'un générateur d'impulsions simulant la génération de l'énergie acoustique à l'instant de l'ouverture des cordes vocales. Nous avons réalisé ces impulsions à partir du programme suivant :

Une impulsion est générée par période de fondamentale T0 (T0=1/F0) tant que F0>0. L'amplitude de chaque impulsion est déterminée par "AV" en décibels. AV varie de 60dB (pour une forte voyelle), jusqu'à 0db lorsqu'il n'y a aucun voisement). Le nombre d'échantillons entre deux impulsions est déterminé par Fe/F0 (Fe est la fréquence d'échantillonnage).

Par exemple : pour Fe =10kHz et une fréquence fondamentale F0= 200Hz, une impulsion est générée tous les 50 échantillons. Avec un nombre d'échantillons N=256 et une amplitude de voisement Av= 60dB, le résultat obtenu après implémentation est illustré par la figure (II.12).

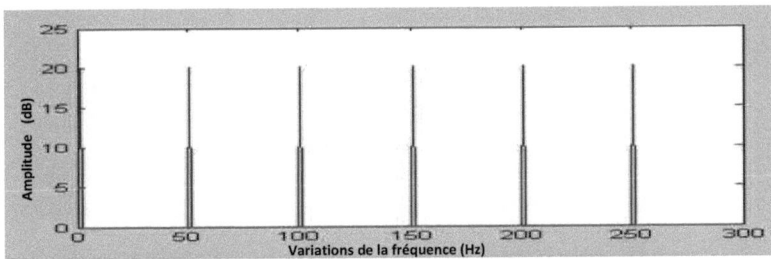

Figure II. 12: Train d'impulsions générées pour F0=200Hz et Fe=10Khz.

Le train d'impulsions passe ensuite à travers un filtre passe-bas "RGP" dont on a fixé la fréquence FGP à 0 et la bande passante BGP à 500Hz pour produire une onde lisse qui ressemble à la vitesse volumique de l'onde glottique et qui sera à son tour filtrée pour générer un voisement normal, et un voisement quasi-sinusoïdal (figure II.7).

II.5.1.2. Génération de l'onde glottique normale :

L'onde issue du filtre "RGP" ne présente pas le même spectre de phase qu'une vibration glottique typique et ne contient pas de zéro comme dans la voix naturelle. L'utilisation d'un anti-résonateur "RGZ" afin de modifier le spectre de la source s'impose.

L'onde que nous avons obtenue ainsi que son spectre (de pente -12dB/octave, comme imposé dans la littérature), avec FGZ= 2500 Hz, et BGZ = 6000 Hz sont illustrés en figure II.13.

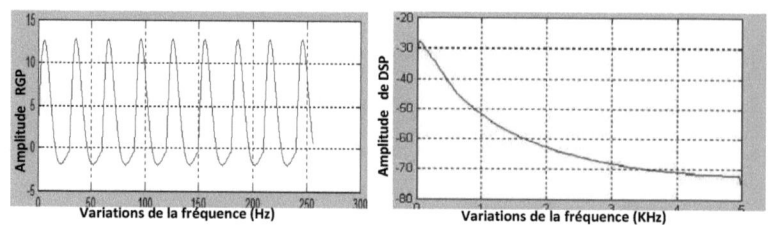

Figure II. 13: Onde de voisement normale et son spectre simulés sur MATLAB.

II.5.1.3. Génération de l'onde quasi-sinusoïdale

Nous avons obtenu cette onde après avoir passé le signal issu de "RGP" dans le filtre "RGS" passe-bas, dont on a fixé la fréquence FGS à 0 et la bande passante BGS à 500 Hz ; la sortie est ensuite multipliée par un gain " AVS". La figure II.14 illustre le résultat obtenu pour l'onde quasi sinusoïdale et son spectre de pente -24db/octave (comme imposé par Klatt).

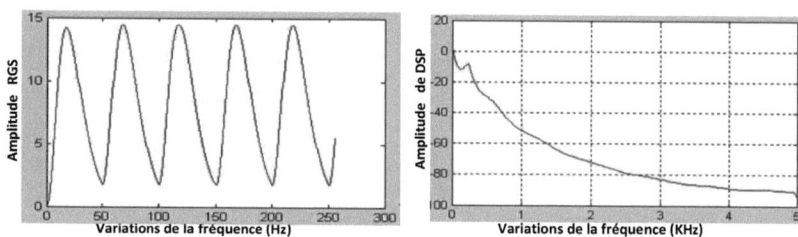

Figure II. 14: Onde de voisement quasi-sinusoïdale et son spectre simulés sur MATLAB.

II.5.1.4. Génération de l'onde de voisement

La source de voisement résulte enfin de la sommation des deux ondes glottiques normale et quasi-sinusoïdale. Le résultat obtenu pour la forme temporelle et son spectre de pente -12db/octave. Est illustré en figure (II.15)).

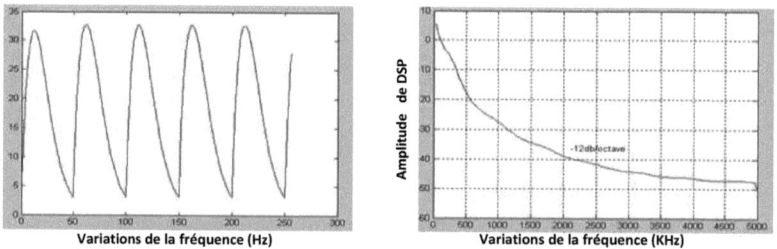

Figure II. 15: Onde de voisement et son spectre simulés sur MATLAB.

II.5.2. Description et simulation de la source de bruit :

La source de bruit permet de produire les sons non-voisés. Ces sons sont obtenus lorsque les cordes vocales n'entrent pas en vibration. Le passage de l'air ne se fait pas librement puisqu'il rencontre une constriction ou une occlusion, ce qui donne naissance à une turbulence aérodynamique qui se propage le long des parois du conduit vocal. Cette source peut être de deux types :

II.5.2.1. Source fricative

Elle est actionnée lors de la production de sons fricatifs. La source de friction a été simulée à partir d'un bruit blanc Gaussien centré, modulé par un signal carré de période égale à la période fondamentale du signal de parole (T0= 1/F0), qui va exciter ensuite un filtre numérique passe-bas du premier ordre. (Voir figure II.9).

L'organigramme donné en figure (II.16) présente les étapes à suivre pour générer la source de friction.

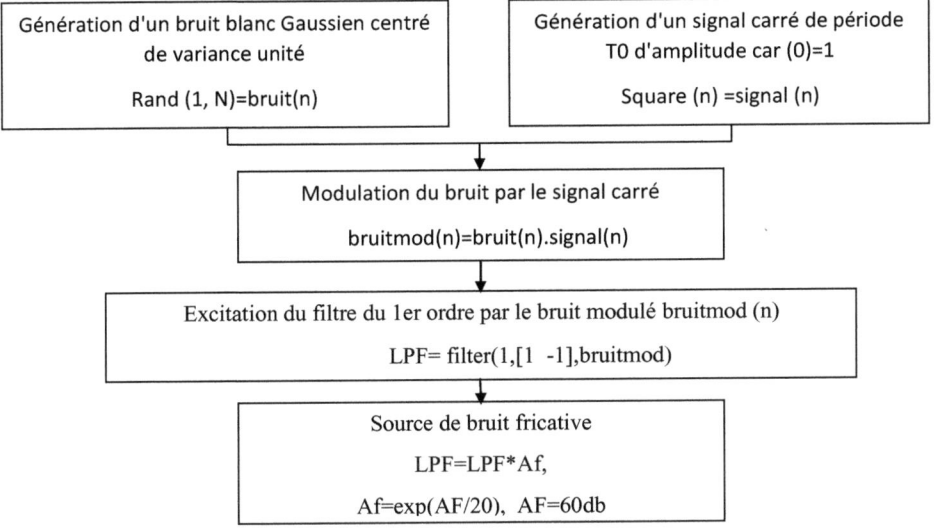

Figure II. 16 : Organigramme de la source de friction.

Notons que :

- **le bruit blanc Gaussien** a été généré à partir d'une fonction prédéfinie dans la bibliothèque MATLAB, connue sous le nom : rand (1, N), où "1" correspond à la variance du bruit et N sa longueur en nombre d'échantillons.

- **Le signal carré** a été aussi généré à partir d'une fonction prédéfinie de la bibliothèque MATLAB, connue sous le nom : square(n), n=1…N.
- **La modulation** a été faite en multipliant simplement le produit des deux générateurs précédents (bruit blanc (bruit)*signal carré (car)=bruit modulé (bruitmod))
- bbmod (n) =bb(n).car(n)

(II.9)

Pour certains sons (par exemple les fricatifs voisés), la source de bruit et la source voisée coexistent et le bruit est modulé en amplitude à la fréquence fondamental "F0". Pour optimiser la réalisation, le degré de modulation est fixe à 50% dans le synthétiseur. L'amplitude de bruit fricatif est déterminée par "AF", une valeur de 60db générera une forte friction tandis qu'une valeur nulle, éteint automatiquement la source fricative.

II.5.2.2. Source d'aspiration

La source d'aspiration est pratiquement la même que celle du bruit fricatif, sauf qu'elle est générée dans le larynx et s'obtient dans le model de Klatt en multiplication le signal de sortie du filtre LPF (de la source de bruit) par une amplitude AH (qui est le coefficient d'aspiration) au lieu de AF pour la source de friction figure(II.17).

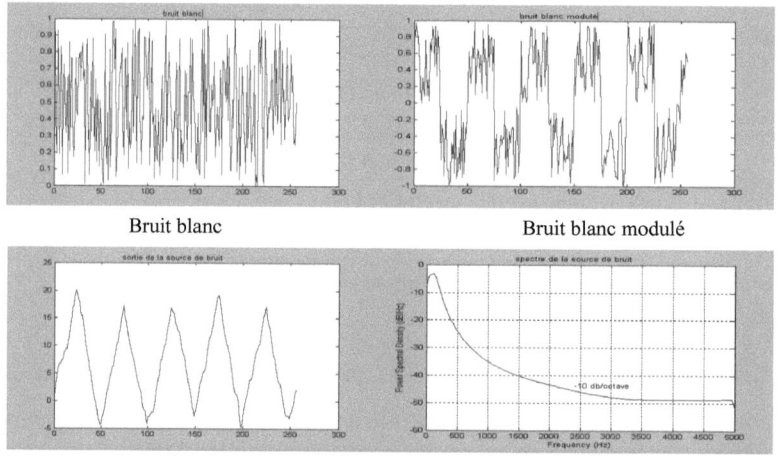

Figure II. 17: signaux de la source de bruit simulée sur Matlab.

II.5.3. Description de la simulation de la partie conduit vocal :

Chaque filtre peut être considéré comme un système possédant une entrée et une sortie représenté par le schéma ci-dessous :

$$x(t) \rightarrow \boxed{h(t)} \rightarrow y(t)$$

La sortie et l'entrée sont reliées par l'équation de convolution suivante :

$$y(t) = h(t) * x(t) \tag{II.10}$$

Classiquement, la détermination de la fonction de transfert du conduit vocal se fait à l'aide des techniques de traitement de signal. En général elle est du type

$$Y(f) = H(f).X(f) \quad \Longrightarrow \quad H(f) = \frac{Y(f)}{X(f)} \tag{II.11}$$

H(f) : fonction de transfert du filtre et correspond à la transformée de Fourier de *h(t)*

Nous passons à la description des différents fonctionnements du SAF de Klatt

II.5.3.1. Fonctionnement série :

Dans ce fonctionnement série (figure II.18), le signal d'entrée de la structure série est la somme des sources de voisement et d'aspiration alors que les différents résonateurs de la structure parallèle ont pour entrée le signal de la source de friction.

La somme du signal de sortie du résonateur R5 (de la structure série) et des sorties des résonateurs de la structure parallèle va exciter un filtre du premier ordre (qui simule l'effet du rayonnement aux lèvres)

Les résonateurs "Ri" assurent la représentation formantique des voyelles tandis que les nasales sont assurées par les filtres "RNP" et "RNZ". "RNP" possède une fréquence de pôles nasals « FNP», et « RNZ » possède une fréquence de zéros nasale « FNZ ». Le schéma suivant présente la structure en « fonctionnement série »

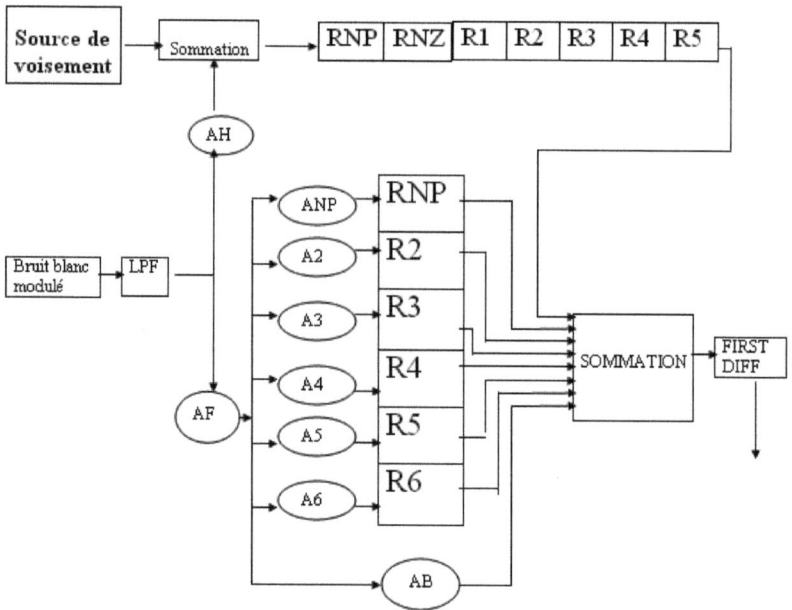

Figure II. 18: Le conduit vocal en fonctionnement série dans le SAF.

Nous avons mis en œuvre cette partie du SAF sur MATLAB suivant l'organigramme ci-après :

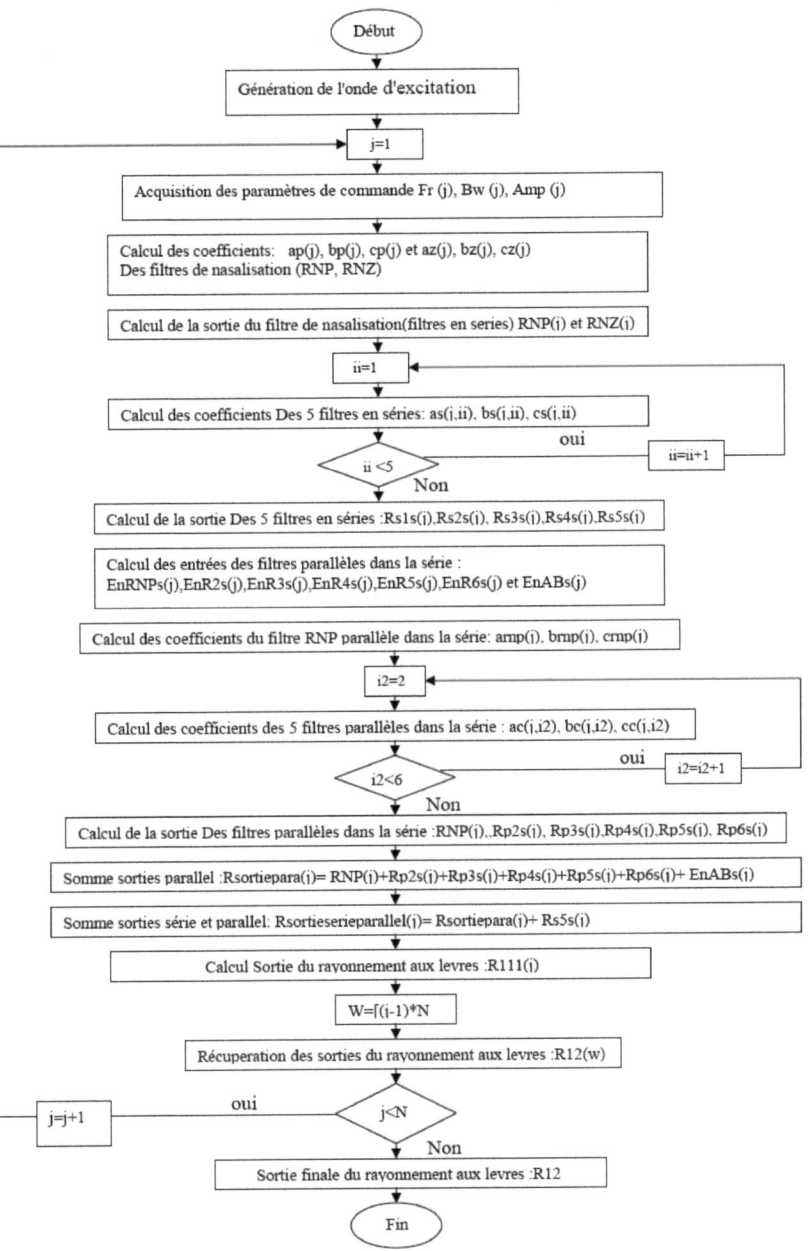

Figure II. 19: Organigramme du conduit vocal en fonctionnement cascade.

II.5.3.2. Fonctionnement parallèle :

A la différence du fonctionnement série, la structure série a pour entrée le signal issu de la source d'aspiration alors que le filtre R1, de la structure parallèle, est excité par la source de voisement.

Les résonateurs RNP, R2, R3 et R4, de cette même structure parallèle, sont attaqués par un signal constituant la somme des signaux de sortis des sources de voisement et de friction.

Cette dernière source attaque directement les filtres R5, et R6. Une entrée directe (un shunt) du bruit est assurée par le contrôle de gain AB car les fonctions de transfert pour le [f], [v], [p], et [b] ne contiennent pas de pics résonnants remarquables.

Chaque résonateur est précédé par une commande "Ai" qui permet un réglage indépendant d'amplitude. La figure (II.20) présente la structure parallèle du conduit vocal.

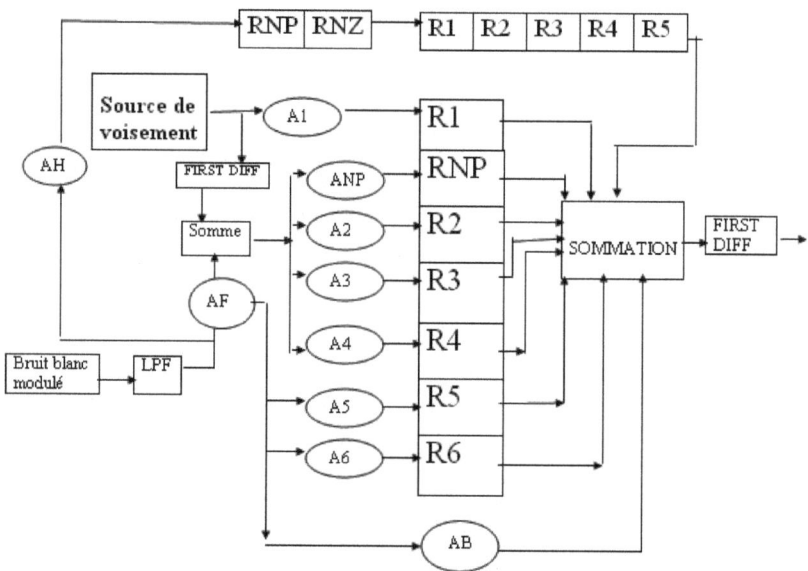

Figure II. 20: Le conduit vocal en fonctionnement parallèle dans le SAF.

L'organigramme de la figure (II.21) illustre la mise en œuvre de la partie du « fonctionnement parallèle » du SAF.

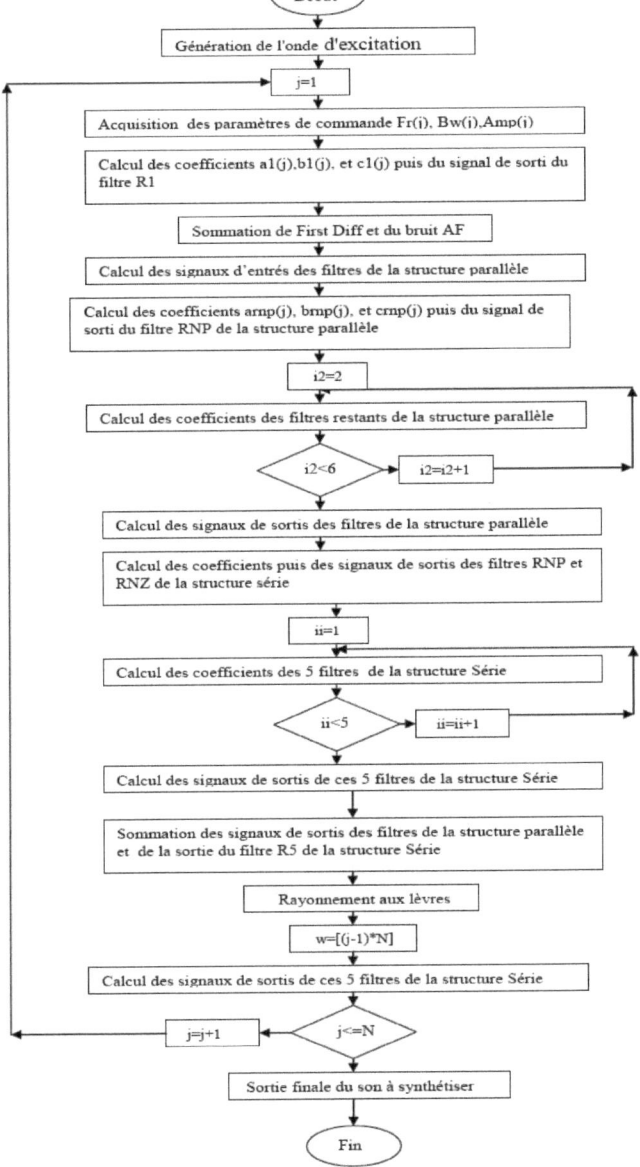

Figure II. 21: Organigramme de fonctionnement de la structure parallèle du conduit vocal dans le SAF.

II.6. La commande du synthétiseur :

Une analyse des différents étages du SAF montre que les paramètres de commande sont très nombreux. Ce qui rend la commande assez difficile, vu qu'ils sont spécifiques de chaque type de son.

Les différents paramètres à régler pour la production d'un son avec le SAF et les plages de variation d'après Klatt, sont regroupés dans le tableau II.1. Ces derniers correspondent aux paramètres des modèles de sources d'excitation et du modèle du conduit vocal qui sont :

a) paramètres des sources d'excitation:

F0 : fréquence fondamentale
AV : amplitude de la source de voisement (normale)
FGZ : fréquence de l'anti-résonateur RGZ
BGZ : bande passante de l'anti-résonateur RGZ
AVS : amplitude de la source de voisement (quasi-sinusoïdale)
FGS : fréquence du résonateur RGS
BGS : bande passante du résonateur RGS
AF : amplitude de la source de friction
BF : bande passante pour la source de friction
FGP : fréquence de du résonateur RGP
BGP : bande passante du résonateur BGP

b) paramètres du conduit vocal:

Fi : fréquences des formants
Bi : bandes passantes des formants
Ai : amplitudes des formants
FNP : fréquence du pole nasale(RNP)
BNP : bande passante du résonateur RNP
ANP : amplitude nasale du filtre RNP.
FNZ : fréquence du zéro nasale(RNZ)

BNZ : bande passante de l'anti-résonateur RNZ

ANZ : amplitude nasale du filtre RNZ.

➢ Les paramètres statiques du SAF correspondants à tous les autres paramètres des filtres constituants le SAF et qui sont globalement constants pour le même type de son, tels que les paramètres de nasalisation, de la source de friction et de la source de voisement.

Ce qui réduit considérablement le nombre de paramètres de commande.

Les études antérieures sur les modèles de production de la parole ont montré que les paramètres des sons, sujets à de grandes variations, sont surtout les formants et la fréquence fondamentale.

Pour rendre la commande moins lourde, nous avons donc séparé les paramètres de commandes en deux catégories :

➢ Les paramètres dynamiques correspondants aux résonances formantiques et à la fréquence fondamentale qui varient en fonction du type de sons à générer (pour les formants Fi) et en fonction du locuteur (pour la fréquence fondamentale F0).

➢ Les paramètres statiques du SAF correspondants à tous les autres paramètres des filtres constituants le SAF et qui sont globalement constants pour le même type de son, tels que les paramètres de nasalisation, de la source de friction et de la source de voisement.

II.6.1. Calcul des paramètres dynamiques (formants et fréquence fondamentales en fonction du temps) de la commande :

➢ A l'aide du logiciel winsnoori il est possible de calculer les valeurs des formants Fi et F0 à partir d'un signal acoustique pré enregistré tout les Δt. L'intervalle de temps Δt sera fixé au préalable. Ces paramètres ont été prélevés sur des fichiers réels, préalablement enregistrés (avec des locuteurs féminins et masculins), et calculés avec la LPC, à partir du logiciel Winsnoori, qui est un logiciel d'analyse et de traitement de la parole. Ce dernier permet de calculer ces paramètres sur des fenêtres glissantes de 20 à 30ms de durées, sur le signal enregistré, avec un recouvrement en avançant de 5ms à partir de la première fenêtre pour faire l'analyse de la suivante (c'est-à-dire qu'il y a recouvrement de 75 à 85% de la fenêtre d'analyse).

➢ Un exemple de calcul de paramètres Fi et F0 à l'aide du logiciel winsnoori pour un intervalle de temps $\Delta t=4ms$, pour la voyelle /a/, est illustré par le tableau II.2

	A	B	C	D	E	F	G	H	I	J	K	L	M	N	O
1	>> LPC root														
2	file : C:\Documents and Settings\Administrateur\Mes documents\areel.wav														
3	Time	Time	F0	ener	phon	word	Freq.	Band	Ampl....						
4								#NOM?							
5	[ms]	[sampl]	[F0]	[dB]	[phon]	[word]	[Hz]	[Hz]	[dB]						
6	8	128	242	40			940	127	80	1245	222	73	3119	127	74
7	12	192	242	41			938	124	80	1241	220	73	3114	118	75
8	16	256	242	42			941	130	80	1236	217	74	3112	135	75
9	20	320	243	42			941	130	80	1233	207	74	3102	133	75
10	24	384	243	41			946	133	80	1237	211	74	3110	175	75
11	28	448	244	40			944	120	80	1237	183	75	3107	169	75
12	32	512	244	40			953	126	80	1248	211	75	3093	194	75
13	36	576	244	40			946	114	81	1241	174	76	2854	682	66
14	40	640	244	40			947	120	81	1243	187	76	2879	681	66
15	44	704	245	42			947	125	80	1244	216	75	2908	640	70
16	48	768	245	42			948	127	80	1247	252	74	2937	663	70
17	52	832	246	42			955	125	81	1258	265	74	3087	219	75
18	56	896	246	42			956	113	81	1263	239	75	2919	604	71
19	60	960	246	41			958	113	81	1269	263	74	2922	651	71
20	64	1024	246	42			962	119	81	1273	300	74	3090	216	76
21	68	1088	247	43			962	126	81	1269	295	74	3074	195	77
22	72	1152	247	43			960	122	81	1277	260	75	2930	634	72
23	76	1216	248	43			964	122	81	1280	261	75	2950	577	73
24	80	1280	248	44			968	130	81	1280	269	76	3062	266	78
25	84	1344	249	43			972	134	82	1276	276	76	3027	230	77
26	88	1408	249	44			976	148	82	1272	280	76	3017	175	78
27	92	1472	250	43			973	152	82	1267	250	77	3025	160	78
28	96	1536	250	42			971	152	82	1265	222	78	3027	158	79
29	100	1600	251	42			970	157	82	1265	214	78	3028	160	79
30	104	1664	251	43			978	192	81	1259	240	78	3017	128	79
31	108	1728	251	42			977	201	81	1255	236	79	3015	103	80
32	112	1792	251	43			968	179	80	1258	207	79	3028	118	79
33	116	1856	251	43			970	204	81	1259	209	79	3029	103	79
34	120	1920	251	42			977	216	81	1259	233	79	3020	105	79
35	124	1984	251	42			978	203	81	1262	236	79	3021	120	79

Tableau II. 2 : Valeurs des paramètres de commande obtenues à l'aide du logiciel winsnoori pour le son /a/

On peut distinguer clairement, dans ce tableau les paramètres utiles à la commande du SAF qui sont :

- l'instant de départ de la fenêtre d'analyse ;
- la fréquence d'échantillonnage correspondante ;
- les formants, les bandes passantes et les amplitudes correspondants à cette fenêtre d'analyse.

Chaque ligne de ce tableau nous donne les Fi, Bi, Ai et F0 pour une durée Δt fixée à 4ms.

II.6.2. Réalisation de la commande du synthétiseur –résultats obtenus :

Commander le synthétiseur consiste à trouver un jeu de paramètres acoustiques qui permettent l'obtention d'un son fidèle intelligible qui se rapproche le plus d'un son naturel. Pur ce faire, nous avons dans un premier temps réalisé une matrice de commande globale qui est composée de 34 colonnes et N_{ligne} correspondant à toute la durée du signal à synthétiser.

Les colonnes de la matrice qui permettront de commander les différentes parties du synthétiseur se présentent comme suit :

Pour un effectif de cinq formants :

Les colonnes 1-15 : correspondent aux paramètres Fi, Bi, Ai qui représentent les fréquences et les bandes passantes qui sont en [Hz], et les amplitudes en [dB], ces paramètres sont nécessaires pour la simulation de la fonction de transfert du conduit vocal, et sont calculés à partir du logiciel Winsnoori.

La colonne 16 : correspond à la fréquence fondamentale Fo [Hz] qui varie selon le sujet mais qui varie aussi relativement selon l'intonation du même sujet.

Les colonnes 17-25 : correspondent aux paramètres de la source de voisement qu'on pourra annuler dans le cas d'un son fricatif.

Colonne 26 : amplitude de la source de bruit.

Les colonnes 27-32 : correspondent aux paramètres de nasalisation.

Colonne 33 : correspond à la bande passante de la source de bruit.

Colonne 34 : interrupteur sw qui permet de basculer d'une configuration à une autre :
- sw =1 pour la partie parallèle.
- sw =0 pour la partie cascade.

Dans ce qui suit nous nous sommes basées beaucoup plus sur la réalisation des différentes sources d'excitation étant donné que ce sont ces dernières qui renferment la majorité des paramètres statiques de la matrice de commande. Pour cela nous avons travaillé sur différents types de sons à savoir : les voyelles, les nasales, les liquides, les plosives et les fricatives.

II.6.3. Détermination des différents paramètres de commande des sources pour chaque type de son :

Notre but dans cette étude est d'essayer de réaliser des matrices de paramètres pour chaque type de source actionnée lors de la production de différents sons (voyelle, fricative voisée, non voisée, plosive, nasalisée etc ...). Ce qui permettrait de faire une bibliothèque de sources d'excitation pour chaque type de son. Les autres paramètres concernent les formants et ces derniers sont variables en fonction du son produit et du locuteur.

Nous avons remarqué en effet que les paramètres de sources proposés par Klatt sont très généraux et ne permettent pas d'obtenir une bonne qualité de son synthétique dans tous les cas. Nous avons donc après un réglage empirique des paramètres suivi d'une écoute, réglé et fixé les paramètres et proposé ainsi une matrice pour certains types de sons.

Pour ce faire, nous avons d'abord introduit dans le synthétiseur les valeurs des 5 premières résonances formantiques (fréquence, bandes passantes et amplitudes) correspondant à un type de son (les sons utilisés correspondent aux syllabes : /na/, /li/,

/ba/, /sa/ et la voyelle /a/). Les paramètres de ces sons ont été calculés à partir de sons réels, préalablement enregistrés (avec des locuteurs féminins ou masculins) à l'aide du logiciel Winsnoori. Ensuite nous avons fait varier les valeurs des paramètres de commande de la source (paramètres de voisement et de friction déduits auparavant dans la première partie que nous ajoutons aux valeurs des résonances formantiques pour former la matrice globale), jusqu'à obtenir, à partir de l'écoute, des sons appréciables et intelligibles correspondant aux différentes sons synthétisés.

Les résultats obtenus en se basant sur l'écoute sont regroupés dans les tableaux suivants :

	Av	Fgp	Bgp	Fgz	Bgz	Avz	Fgs	Bgs	Avs	Af	Fnp	Bnp	Fnz	Bnz	Anp	Anz	Bf
Plages de valeurs proposées par Klatt	0-80	0-600	100-2000	0-5000	100-9000	0-80	0	100-1000	0-80	0-80	200-500	50-500	200-700	50-500	0-80	0-80	50
Valeurs fixées pour les voyelles	60	0	500	2500	6000	60	0	500	60	-inf	270	90	270	90	0	0	50
les plosives	-inf	0	500	2500	6000	60	0	500	80	-inf	270	90	270	90	0	0	50
Les nasales	20	0	500	2500	6000	60	0	500	60	-inf	270	90	270	90	0	0	50
Les liquides	0	0	500	2500	6000	60	0	500	60	60	270	90	270	90	0	0	50
Fricatives voisées	0	0	500	2500	6000	20	0	500	20	0	270	90	270	90	0	0	50
Fricatives non voisées	-inf	0	500	2500	6000	-inf	0	500	-inf	60	270	90	270	90	0	0	50

Tableau II. 3: Paramètres de commande fixés pour la génération des différents types de sons à l'aide du SAF.

D'après le tableau II.3, nous constatons que :

- Lors de la génération des voyelles, des plosives et des nasales, la source de bruit n'a pas été sollicitée d'où la mise à « –inf (dB) » de la colonne correspondante à l'amplitude Af. Par contre pour les fricatives sourdes nous pouvons remarquer que c'est la source de voisement qui n'a pas été sollicitée d'où la mise à « –inf (dB) » des colonnes qui correspondent aux amplitudes Avs et Avz.

Par ailleurs, lors de la génération des liquides et des fricatives voisées, les deux sources d'excitation (voisée et non voisée) coexistent.

- Les valeurs des paramètres Fgp, Bgp, Fgz, Bgz, Fgs, Bgs, Fnp, Bnp, Fnz, Bnz, Anp, Anz et Bf sont identiques pour tous les types de sons.
- La source d'excitation pour les plosives sonores est la même que pour les plosives sourdes (exemple : pour le /pa/ non voisé et le /ba/ voisé).
- La source d'excitation ne change pas avec les différents contextes (exemple : même source pour le /la/ et le /li/).

Ainsi, si nous voulons générer un certain type de son, nous copions la ligne de paramètres constants lui correspondant puis nous rajoutons les formants Fi et F0 qui eux varient en fonction du temps. A titre d'exemple, nous présentons une matrice de commande pour la production de la syllabe /ba/.

Pour construire la matrice de commande pour produire la syllabe /ba/ (voir tableau 2.4), il faut commencer par la partie correspondante aux paramètres de la plosive /b/ puis à ceux correspondant aux paramètres d'une voyelle : le /a/.

Ainsi, à l'aide du logiciel winsnoori et du tableau 2.3, nous pouvons réaliser une matrice de commande contenant :

- une variation de F0 en fonction du temps pour chaque locuteur.
- une variation des formants en fonction du temps pour chaque son produit.
- les différents paramètres des différentes sources d'excitation.
- Les différents paramètres de nasalisation.

Le SAF générera alors une portion de signal synthétique tout les Δt. Une concaténation de tous les morceaux de parole ainsi synthétisés sera effectuée pour obtenir en sortie la totalité du signal acoustique à produire. Ce qui procure alors une certaine prosodie et donc un certain naturel pour la parole synthétique obtenue.

F1	B1	A1	F2	B2	A2	F3	B3	A3	F4	B4	A4	F5	B5	A5	F0	Av	Fgp	Bgp	Fgz	Bgz	Avz	Fgs	Bgs	Avs	Af	Fnp	Bnp	Fnz	Bnz	Anp	Anz	Bf	sw
210	14	74	2394	698	31	3478	464	35	4147	555	33	5236	421	32	0	-inf	0	500	2500	6000	60	0	500	80	-inf	270	90	270	90	0	0	50	1 ;
214	12	74	1207	452	41	2555	337	37	3637	443	37	5331	535	31	0	-inf	0	500	2500	6000	60	0	500	80	-inf	270	90	270	90	0	0	50	1 ;
251	89	82	1204	161	65	2767	325	56	3530	395	58	4047	455	54	0	-inf	0	500	2500	6000	60	0	500	80	-inf	270	90	270	90	0	0	50	1 ;
471	165	86	1151	106	80	2784	162	72	3492	256	75	3949	248	74	0	-inf	0	500	2500	6000	60	0	500	80	-inf	270	90	270	90	0	0	50	1 ;
545	148	92	1136	121	87	2809	139	80	3554	260	80	4010	286	77	0	-inf	0	500	2500	6000	60	0	500	80	-inf	270	90	270	90	0	0	50	1 ;
809	62	101	1383	92	94	2877	195	86	3523	234	90	3914	223	88	277	60	0	500	2500	6000	60	0	500	80	-inf	270	90	270	90	0	0	50	1 ;
813	53	102	1386	57	98	2887	195	87	3513	264	90	3934	207	89	277	60	0	500	2500	6000	60	0	500	80	-inf	270	90	270	90	0	0	50	1 ;
823	67	101	1386	28	104	2894	344	85	3368	355	89	3890	121	94	277	60	0	500	2500	6000	60	0	500	80	-inf	270	90	270	90	0	0	50	1 ;
826	67	101	1385	24	105	2923	322	87	3398	435	88	3898	149	93	277	60	0	500	2500	6000	60	0	500	80	-inf	270	90	270	90	0	0	50	1 ;
828	80	100	1384	28	106	2943	270	88	3493	503	89	3899	242	91	277	60	0	500	2500	6000	60	0	500	80	-inf	270	90	270	90	0	0	50	1 ;
907	168	96	1386	50	106	2983	309	89	3622	170	97	4067	292	88	279	60	0	500	2500	6000	60	0	500	80	-inf	270	90	270	90	0	0	50	1 ;
899	226	94	1368	76	105	2951	247	90	3570	230	94	3957	287	89	271	60	0	500	2500	6000	60	0	500	80	-inf	270	90	270	90	0	0	50	1 ;
887	232	94	1361	87	104	2960	225	91	3562	229	94	3965	198	92	271	60	0	500	2500	6000	60	0	500	80	-inf	270	90	270	90	0	0	50	1 ;
901	240	93	1359	90	103	2979	251	92	3591	252	95	3979	236	91	271	60	0	500	2500	6000	60	0	500	80	-inf	270	90	270	90	0	0	50	1 ;
882	329	91	1324	188	100	2960	200	89	3614	299	90	3932	356	85	270	60	0	500	2500	6000	60	0	500	80	-inf	270	90	270	90	0	0	50	1 ;
923	335	92	1344	183	99	2973	218	89	3706	330	90	3891	623	86	270	60	0	500	2500	6000	60	0	500	80	-inf	270	90	270	90	0	0	50	1 ;
876	331	90	1319	183	99	2940	179	89	3660	300	89	3930	366	85	267	60	0	500	2500	6000	60	0	500	80	-inf	270	90	270	90	0	0	50	1 ;
880	346	90	1316	202	99	2931	178	89	3646	255	89	3970	416	82	267	60	0	500	2500	6000	60	0	500	80	-inf	270	90	270	90	0	0	50	1 ;
908	363	92	1322	235	98	2932	176	89	3637	208	90	4023	371	83	265	60	0	500	2500	6000	60	0	500	80	-inf	270	90	270	90	0	0	50	1 ;
908	396	91	1299	297	97	1469	676	91	2924	179	88	3609	233	89	265	60	0	500	2500	6000	60	0	500	80	-inf	270	90	270	90	0	0	50	1 ;
942	383	92	1323	269	97	2935	187	88	3635	196	90	4039	453	80	265	60	0	500	2500	6000	60	0	500	80	-inf	270	90	270	90	0	0	50	1 ;
942	366	92	1334	248	98	2944	206	88	3650	202	91	3968	459	84	265	60	0	500	2500	6000	60	0	500	80	-inf	270	90	270	90	0	0	50	1 ;
925	377	92	1317	272	97	2949	210	87	3654	200	91	3917	519	82	265	60	0	500	2500	6000	60	0	500	80	-inf	270	90	270	90	0	0	50	1 ;
933	379	92	1309	279	97	2949	215	87	3639	198	91	3930	482	82	265	60	0	500	2500	6000	60	0	500	80	-inf	270	90	270	90	0	0	50	1 ;
965	371	92	1333	316	96	2944	226	87	3635	201	91	3973	434	82	264	60	0	500	2500	6000	60	0	500	80	-inf	270	90	270	90	0	0	50	1 ;
947	416	91	1287	364	96	1468	661	91	2942	205	87	3634	183	91	264	60	0	500	2500	6000	60	0	500	80	-inf	270	90	270	90	0	0	50	1 ;
973	396	93	1336	389	96	2940	224	86	3633	195	90	3974	567	79	262	60	0	500	2500	6000	60	0	500	80	-inf	270	90	270	90	0	0	50	1 ;
997	353	94	1402	406	94	2937	252	85	3590	232	90	3927	362	83	262	60	0	500	2500	6000	60	0	500	80	-inf	270	90	270	90	0	0	50	1 ;
998	381	94	1162	617	95	1440	405	92	2928	231	86	3563	207	90	261	60	0	500	2500	6000	60	0	500	80	-inf	270	90	270	90	0	0	50	1 ;
1024	272	94	1399	307	94	2945	253	85	3610	223	90	3891	529	82	261	60	0	500	2500	6000	60	0	500	80	-inf	270	90	270	90	0	0	50	1 ;
997	311	94	1345	260	94	2941	203	86	3602	148	92	3986	467	80	262	60	0	500	2500	6000	60	0	500	80	-inf	270	90	270	90	0	0	50	1 ;
997	275	94	1347	201	96	2941	224	85	3617	212	90	3915	501	81	263	60	0	500	2500	6000	60	0	500	80	-inf	270	90	270	90	0	0	50	1 ;
1000	283	94	1344	276	93	2938	212	85	3557	194	90	3934	212	85	262	60	0	500	2500	6000	60	0	500	80	-inf	270	90	270	90	0	0	50	1 ;
1003	235	94	1334	218	95	2952	228	85	3575	181	91	3946	268	85	261	60	0	500	2500	6000	60	0	500	80	-inf	270	90	270	90	0	0	50	1 ;
985	249	91	1309	188	93	2997	225	83	3567	139	92	3942	157	87	260	60	0	500	2500	6000	60	0	500	80	-inf	270	90	270	90	0	0	50	1 ;
1021	229	91	1337	143	94	2911	268	76	3552	225	81	3974	166	78	265	60	0	500	2500	6000	60	0	500	80	-inf	270	90	270	90	0	0	50	1 ;
999	220	92	1323	152	94	2945	213	81	3561	180	87	3952	160	85	265	60	0	500	2500	6000	60	0	500	80	-inf	270	90	270	90	0	0	50	1 ;
1001	212	92	1328	149	94	2964	200	81	3604	167	87	3970	166	83	265	60	0	500	2500	6000	60	0	500	80	-inf	270	90	270	90	0	0	50	1 ;
1009	225	90	1348	101	93	2929	151	80	3540	241	79	3994	220	75	270	60	0	500	2500	6000	60	0	500	80	-inf	270	90	270	90	0	0	50	1 ;
1012	233	90	1355	102	93	2951	135	80	3568	241	79	3959	219	77	271	60	0	500	2500	6000	60	0	500	80	-inf	270	90	270	90	0	0	50	1 ;
776	574	80	1065	233	90	1404	139	90	2941	424	68	3536	334	73	279	60	0	500	2500	6000	60	0	500	80	-inf	270	90	270	90	0	0	50	1 ;
751	438	80	1083	209	89	1424	145	87	2952	413	67	3569	260	74	279	60	0	500	2500	6000	60	0	500	80	-inf	270	90	270	90	0	0	50	1 ;
744	337	81	1097	196	89	1436	141	87	3102	554	66	3628	337	74	283	60	0	500	2500	6000	60	0	500	80	-inf	270	90	270	90	0	0	50	1 ;
897	267	80	1301	201	80	2992	172	71	3783	156	76	3958	685	69	293	60	0	500	2500	6000	60	0	500	80	-inf	270	90	270	90	0	0	50	1 ;
885	204	79	1342	212	77	3024	247	67	3838	102	74	5201	644	47	297	60	0	500	2500	6000	60	0	500	80	-inf	270	90	270	90	0	0	50	1 ;
882	119	80	1466	175	73	2952	150	66	3830	116	70	5256	683	44	297	60	0	500	2500	6000	60	0	500	80	-inf	270	90	270	90	0	0	50	1 ;
904	119	79	1455	238	70	2943	181	64	3728	290	62	4259	651	54	305	60	0	500	2500	6000	60	0	500	80	-inf	270	90	270	90	0	0	50	1 ;
1026	263	74	1501	488	64	3038	285	61	3747	136	70	5074	595	45	305	60	0	500	2500	6000	60	0	500	80	-inf	270	90	270	90	0	0	50	1 ;
1014	220	72	1572	484	62	3044	363	60	3740	128	70	7534	164	48	305	60	0	500	2500	6000	60	0	500	80	-inf	270	90	270	90	0	0	50	1 ;
991	181	74	1389	604	63	3042	487	55	3786	138	66	5213	566	45	305	60	0	500	2500	6000	60	0	500	80	-inf	270	90	270	90	0	0	50	1 ;
957	240	72	1307	168	74	3296	461	57	3940	257	57	5233	544	42	305	60	0	500	2500	6000	60	0	500	80	-inf	270	90	270	90	0	0	50	1 ;
941	240	70	1297	142	72	3020	451	52	3870	246	55	5140	593	40	305	60	0	500	2500	6000	60	0	500	80	-inf	270	90	270	90	0	0	50	1 ;
864	396	61	1293	95	67	3042	357	47	3655	414	48	4177	579	42	305	60	0	500	2500	6000	60	0	500	80	-inf	270	90	270	90	0	0	50	1 ;
881	454	60	1301	111	65	303	237	48	3723	583	43	4318	508	41	305	60	0	500	2500	6000	60	0	500	80	-inf	270	90	270	90	0	0	50	1 ;

Tableau II. 4: Tableau 2.4. Exemple de matrice de commande pour la production de la syllabe /ba/

En gras pour les 5 premières lignes de la matrice nous avons les paramètres correspondants à la plosive /b/ (en noir les paramètres variables et en bleu les paramètres fixes).
Après la 5éme ligne et jusqu'à la fin, nous avons les paramètres correspondant à la voyelle /a/.

II.7. Conclusion :

Dans ce chapitre nous avons présenté les différentes structures du synthétiseur à formants de Klatt, la réalisation et la mise œuvre de sa commande pour produire différents type de signaux Le SAF servira comme un outil de validation dans la tache de l'estimation des fréquences instantanée à l'aide de la transformée en ondelettes, qui fera l'objet de chapitre IV. Le chapitre III sera donc consacré à cet effet, à quelques notions sur les ondelettes.

Chapitre III

Transformée en ondelettes et fréquence instantanée

III.1. Introduction : **53**

III.2. Historique de la transformée en ondelettes : **53**

III.3. Ondelettes : **55**

    III.3.1. Propriétés des ondelettes : 55

    III.3.2. L'Ondelette de Morlet complexe : 57

III.4. Transformée en ondelettes : **58**

    III.4.1. Transformées continues et transformées discrètes : 60

    III.4.2. Transformée en ondelettes en fréquence et en temps : 60

III.5. Energie basée sur la transformée en ondelettes : **61**

III.6. Transformée en ondelettes et transformée de Fourier à court-terme : **61**

    III.6.1. L'avantage de la TO par rapport à la TFCT: 63

III.7. Fréquence instantanée : **64**

    III.7.1. Fréquence instantanée spectrale : 64

    III.7.2. Estimation de la fréquence instantanée basée sur une distribution temps-fréquence : 65

    III.7.3 Estimation de la fréquence instantanée pour un signal à plusieurs composantes pseudo-harmoniques : 69

III.8. Conclusion : **70**

III.1. Introduction :

Les représentations temps-fréquence ont connu un formidable essor ces 30 dernières années avec l'évolution très rapide des capacités de calcul des ordinateurs [22]. Ces représentations sont adaptées aux signaux présentant un contenu fréquentiel qui varie au cours du temps. Elles fournissent une représentation conjointe en temps et en fréquence, contrairement à la transformée de Fourier qui représente sous forme uniquement fréquentielle l'information contenue dans un signal temporel. L'inconvénient de cette transformation est la perte de la chronologie des évènements.

La plus ancienne et la plus répandue des représentations temps-fréquence est le spectrogramme (plus précisément appelé spectrogramme de puissance). Le spectrogramme est une distribution énergétique calculée à partir du carré du module de la transformée de Fourier à court terme. Dans le calcul du spectrogramme, l'information de phase est définitivement perdue au profit du module, c'est à dire de l'information fréquentielle. Si le rôle de la phase dans les transformées temps-fréquence a été mis en évidence.

Dans cette étude nous nous sommes intéressés à une méthode temps échelle (ou temps fréquences) pour le calcul de fréquences instantanées d'un signal, connue sous le nom de transformée en ondelettes. Aussi, nous nous pencherons de plus près sur l'essentiel de cette transformation dans ce chapitre.

III.2. Historique de la transformée en ondelettes :

L'analyse par ondelettes a été introduite au début des années 1980 dans le contexte de l'analyse des signaux et d'exploration pétrolière [23]. Il s'agit à l'époque de donner une représentation des signaux permettant la mise en valeur simultanément des informations temporelles et fréquentielles (localisation temps-fréquence).

En 1984, P. Goupillaud, A. Grossmann et J. Morlet [24] pousses par les exigences croissantes de la recherche d'hydrocarbures proposent une méthode de reconstruction des signaux sismiques multidimensionnels permettant une restauration des hautes fréquences à l'aide d'une représentation temps-fréquence.

C'est ainsi que le "besoin" des ondelettes, famille de fonctions déduites d'une même fonction (appelée ondelette mère) par opérations de translations et de dilatations, s'est fait ressentir en remarquant que la transformée de Fourier, qui a dominé dès le début du 19ième siècle, "perd" lors de la projection le "contrôle" de la variable temporelle et reste toujours incapable de décrire localement (en temps ou espace) le comportement fréquentiel des signaux.

L'idée originale sur laquelle sont basées les ondelettes est apparue vers les années 1940 grâce au physicien Denis Gabor, (prix Nobel de physique, en 1971, pour l'invention de l'holographie), qui a introduit la notion de la transformée de Fourier a fenêtre glissante dans le but de remédier au problème de localisation temps-fréquence en proposant de multiplier le signal par une fonction localisée dans le temps (fenêtre) et ensuite appliquer la transformée de Fourier. L'inconvénient de cette transformée est que la taille et la forme de la fenêtre sont inchangées au cours de l'analyse. Or, pour étudier un signal qui a, en général, une allure irrégulière, il est potentiellement intéressant de pouvoir changer la partir de la forme de la fenêtre analysante en temps. C'est à partir de là que sont nées les ondelettes qui s'adaptent d'elles-mêmes à la taille et aux caractéristiques qu'elles recherchent.

Des lors, les ondelettes qui ont été créés pour résoudre des problèmes posés par la sismique réflexion ne cessent de se développer, tant du point de vue pratique que du point de vue théorique, par des personnes telles Y. Meyer [25], I. Daubechies [26], S. Mallat [27] et autres pour ouvrir ensuite les ondelettes sur de nombreux champs d'applications autres que la sismologie ou les mathématiques. Nous citons par exemple l'apport des ondelettes en compression d'images (JEPEG2000), imagerie médicale, turbulence, la téléphonie vidéo, les systèmes radar, le stockage numérique des empreintes digitales (effectué par le FBI) le débruitage, la détection d'évènements, l'analyse temps fréquence.

III.3. Ondelettes :

La transformée en ondelettes consiste donc à décomposer un signal en une famille de fonctions localisées en temps et en fréquence, appelées ondelettes. Une famille d'ondelettes est construite en dilatant (ou contractant) et en translatant une ondelette de base, appelée ondelette-mère.

Il existe de nombreuses formes d'ondelettes, le choix de l'ondelette optimale dépend de l'application envisagée. Nous avons représenté en figure (III.1) quelques exemples d'ondelettes.

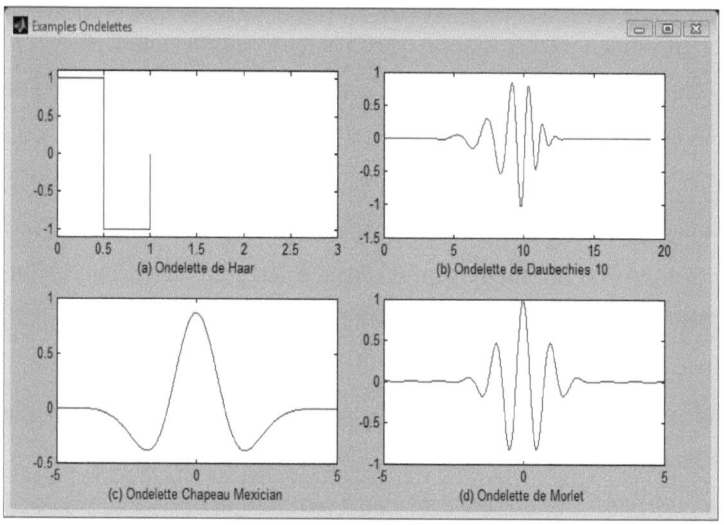

Figure III. 1: Exemples d'ondelettes.

III.3.1. Propriétés des ondelettes :

Pour être acceptée comme ondelette, une fonction $\psi(t)$ doit satisfaire les critères mathématiques suivants :

a. ψ doit être localisée en temps et en fréquence, c'est-à-dire à décroissance rapide ou mieux à support borné.

b. une ondelette doit avoir une énergie finie :

$$E = \int_{-\infty}^{+\infty} |\psi(t)|^2 \, dt < \infty \qquad (III.1)$$

c. Si $\hat{\psi}(f)$ est la transformée de Fourier de $\psi(t)$, c'est à dire :

$$\hat{\psi}(f) = \int_{-\infty}^{+\infty} \psi(t) e^{-i2\pi ft} \, dt \qquad (III.2)$$

Alors la condition suivante doit être vérifiée :

$$c_g = \int_0^{\infty} \frac{|\hat{\psi}(f)|^2}{f} \, df < \infty \qquad (III.3)$$

Ceci implique qu'une ondelette a une moyenne nulle.

d. Les ondelettes complexes doivent satisfaire un critère supplémentaire :

Elles doivent être des fonctions analytiques, c'est-à-dire que leur transformée de Fourier doit être réelle et nulle pour les fréquences négatives.

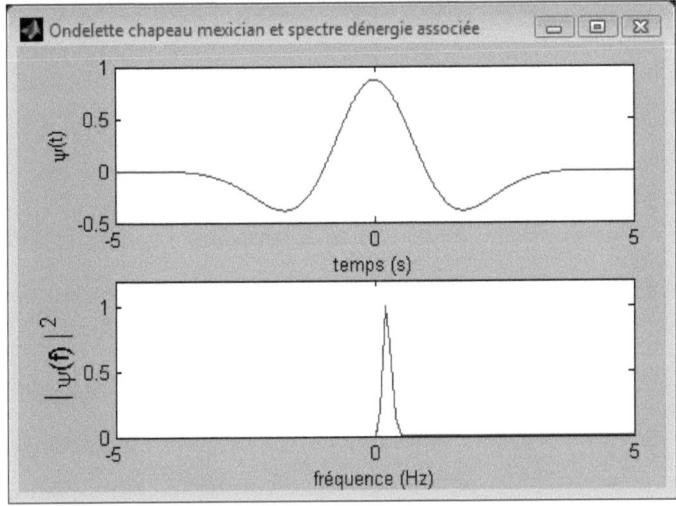

Figure III. 2: Ondelette chapeau mexicain et spectre d'énergie associé.

Les ondelettes sont choisies de telle sorte que leurs énergies spectrales soient concentrées. Les ondelettes sont donc des filtres passe-bande. Nous avons représenté en figure(III.2), l'ondelette chapeau mexicain et son spectre d'énergie associé

$E_F(f) = |\hat{\psi}(f)|^2$.

III.3.2. L'Ondelette de Morlet complexe :

L'ondelette que nous utilisons dans ce travail est l'ondelette de Morlet complexe [28], les ondelettes complexes ont une transformée de Fourier nulle pour les fréquences négatives.

Leur intérêt est qu'elles permettent de séparer les composantes du signal en module et en phase. L'ondelette de Morlet est l'ondelette complexe la plus fréquemment utilisée. L'ondelette de Morlet complexe est obtenue en modulant une exponentielle complexe par une enveloppe gaussienne. Cette forme gaussienne est la raison pour laquelle l'ondelette de Morlet est appréciée. En effet, elle permet de minimiser le produit des étalements temporel et fréquentiel de l'ondelette, et donc de maximiser la précision de la localisation de l'énergie dans le plan temps-fréquence. Elle est définie par :

$$\psi_{\omega_c}(t) = C e^{-i\omega_c t} \left[e^{-\frac{t^2}{2\sigma_t^2}} - \sqrt{2} e^{-\frac{\omega_c^2 \sigma_t^2}{4}} e^{-\frac{t^2}{\sigma_t^2}} \right] \tag{III.4}$$

Le facteur de normalisation C est déterminé de sorte que $\int_{-\infty}^{+\infty} |\psi_{\omega_c}(t)|^2 dt$ soit égal à 1. La fréquence centrale $f_c = \frac{\omega_c}{2*\pi}$ est la fréquence d'oscillation de l'ondelette. Le produit $\omega_c \sigma_t$ fixe la forme de l'ondelette et doit être constant pour une famille d'ondelettes. Il fixe le compromis entre l'étalement temporel et l'étalement fréquentiel de l'ondelette pour une fréquence centrale donnée. Nous avons représenté l'effet de ce paramètre en figure (III.3), qui montre trois ondelettes, pour trois valeurs du paramètre $\omega_c \sigma_t$

Le deuxième terme dans la parenthèse est un terme de correction qui permet de satisfaire le critère de moyenne temporelle nulle de l'ondelette. Lorsque le terme de correction est négligeable, l'équation de l'ondelette peut s'écrire sous la forme suivante :

$$\psi_{\omega_c}(t) = Ce^{-i\omega_c t}e^{-\frac{t^2}{2\sigma_t^2}} \qquad (III.5)$$

La transformée de Fourier de l'ondelette de Morlet sans terme de correction est donnée par

$$\hat{\psi}_{f_c}(f) = \pi^{\frac{1}{4}}\sqrt{2\sigma_t}e^{-\frac{1}{2\sigma_f^2}(f-f_c)^2} \qquad (III.6)$$

Où : $\sigma_f = \frac{1}{2\pi\sigma_t}$

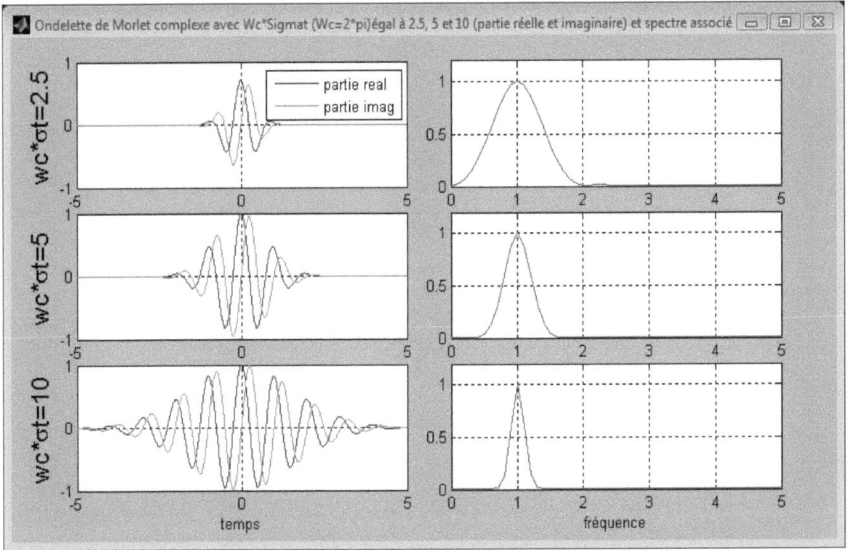

Figure III. 3: Ondelette de Morlet complexe avec $\omega_c \sigma_t$ égal à 2.5, 5 et 10 (partie réelle en trait plein, partie imaginaire en trait pointillé) et spectre associé.

Le principe de la transformée en ondelettes est de décomposer le signal en une famille d'ondelettes d'échelles et de positions différentes. Ces ondelettes sont obtenues en dilatant ou contractant une ondelette-mère et en la translatant le long de l'axe temporel. Nous avons représenté en figure (III.4) l'ondelette de Morlet pour différentes échelles et positions. Les paramètres **a** et **b** fixent la dilatation/contraction et la position de l'ondelette. Les versions dilatées et translatées de l'ondelette-mère sont notées : $\psi[(t-b)/a]$.

La transformée en ondelettes d'un signal x(t) est définie par :

$$T(a,b) = \int_{-\infty}^{\infty} x(t) \frac{1}{\sqrt{a}} \Psi^* \left(\frac{t-b}{a}\right) dt \qquad (III.7)$$

Où * indique le complexe conjugué.

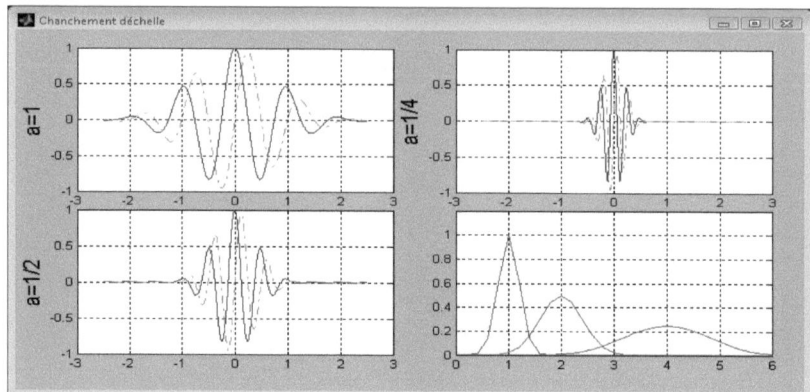

(a) Changement d'échelle et spectre aux échelles a=1/4 ,1/2,1.

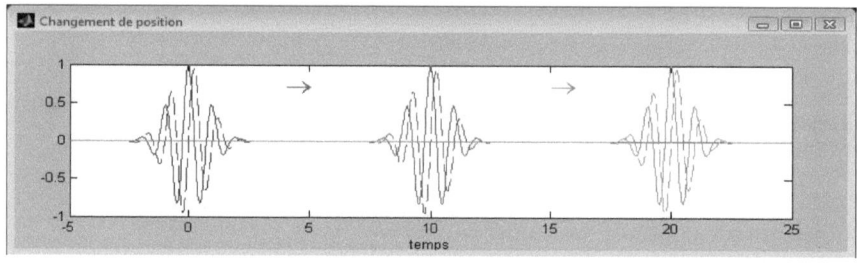

(b) Changement de position

Figure III. 4:Ondelette de Morlet pour différentes échelles et positions.

La transformée en ondelettes inverse permet de retrouver le signal de départ à partir de la décomposition en ondelettes par l'opération suivante :

$$x(t) = \frac{1}{c_g} \int_{-\infty}^{\infty} \int_{0}^{\infty} T(a,b) \psi(\frac{t-b}{a}) \frac{dadb}{a^2} \qquad (III.8)$$

La transformée en ondelettes peut également être calculée par l'intermédiaire de transformées de Fourier:

$$T(a,b) = \int_{-\infty}^{\infty} \hat{x}(f)\hat{\psi}^*{}_{a,b}(f)df \qquad (III.9)$$

Où :

$$\hat{\psi}^*{}_{a,b}(f) = \sqrt{a}\hat{\psi}^*(af)e^{j(2\pi f)b} \qquad (III.10)$$

III.4.1. Transformées continues et transformées discrètes :

Dans les équations présentées ci-dessus, les paramètres **a** et **b** prennent une infinité de valeurs. On parle alors de transformée en ondelettes continue. Il est possible de limiter le nombre de coefficients sans perdre d'information sur le signal de départ et de remplacer l'intégrale de l'équation (III.8) par une somme infinie. On parle alors de transformée en ondelettes discrète [29].

Les ondelettes ont alors la forme :

$$\boldsymbol{\psi_{m,n} = \frac{1}{\sqrt{a_0{}^m}} \psi\left(\frac{t - nb_0 a_0^m}{a_0^m}\right)} \qquad (III.11)$$

Les transformées en ondelettes continues et discrètes ont des applications différentes. La transformée continue permet de localiser plus précisément des événements temporellement et fréquentiellement. Elle est donc plutôt utilisée pour analyser des transitoires ou des événements temporels. La transformée discrète par contre permet un calcul efficace. Elle est utilisée pour de la compression ou du débruitage. Dans le cadre de ce travail, nous utiliserons uniquement des transformées en ondelettes continues.

III.4.2. Transformée en ondelettes en fréquence et en temps :

Nous avons précédemment présenté les familles d'ondelettes en fonction de l'échelle **a** et de la position **b**. Comme le spectre de Fourier d'une ondelette est celui d'un filtre passe-bande, on peut caractériser l'ondelette par sa fréquence centrale plutôt que par son échelle. La fréquence centrale d'une ondelette est inversement proportionnelle à l'échelle de celle-ci [30]. On peut donc redéfinir la transformée en ondelettes avec la substitution $f = \frac{f_c}{a}$ ou f_c est la fréquence centrale de l'ondelette-mère.

III.5. Energie basée sur la transformée en ondelettes :

Comme pour une transformée de Fourier à court terme, la transformée en ondelettes permet d'estimer la densité d'énergie du signal pour chaque échelle a et instant t:

$$E(f,t) = \frac{|T(f,t)|^2}{C_g f_0} \qquad \text{(III.12)}$$

Où C_g est la constante d'admissibilité de l'ondelette. La représentation graphique de $E(f,t)$ est appelée un scalogramme. L'énergie totale E du signal peut alors être obtenue par la relation:

$$E = \int_{-\infty}^{\infty}\int_{0}^{\infty} E(f,t) df dt. \qquad \text{(III.13)}$$

III.6. Transformée en ondelettes et transformée de Fourier à court-terme :

La transformée en ondelettes et la transformée de Fourier à court-terme permettent toutes les deux d'estimer la densité d'énergie d'un signal en fonction du temps et de la fréquence. La différence entre ces deux transformées réside dans la façon dont on passe d'une fréquence à l'autre: pour la transformée de Fourier à court-terme, la longueur de la fenêtre est conservée et l'onde présente plus ou moins d'oscillations en fonction de la fréquence, tandis que pour la transformée en ondelettes, la longueur de la fenêtre varie en fonction de la fréquence [31].

Pour la transformée de Fourier à court-terme, les résolutions temporelles et fréquentielles ne varient pas en fonction du temps et de la fréquence. Pour la transformée en ondelettes par contre, lorsque l'ondelette est plus courte et que sa fréquence centrale est plus élevée, la résolution temporelle est meilleure et la résolution fréquentielle est moins bonne. L'inverse se produit lorsque la fréquence centrale diminue : dans ce cas, la résolution temporelle est dégradée et c'est la résolution fréquentielle qui est meilleure. Ceci est lié au principe d'incertitude d'Heisenberg, qui donne une limite minimale au produit des résolutions temporelles et fréquentielles d'une fonction. Ceci est illustré aux figures (III.5) et (III.6), qui montrent les résolutions temporelles et fréquentielles de trois atomes temps-fréquence pour la transformée en ondelette et la transformée de Fourier à court terme respectivement [30].

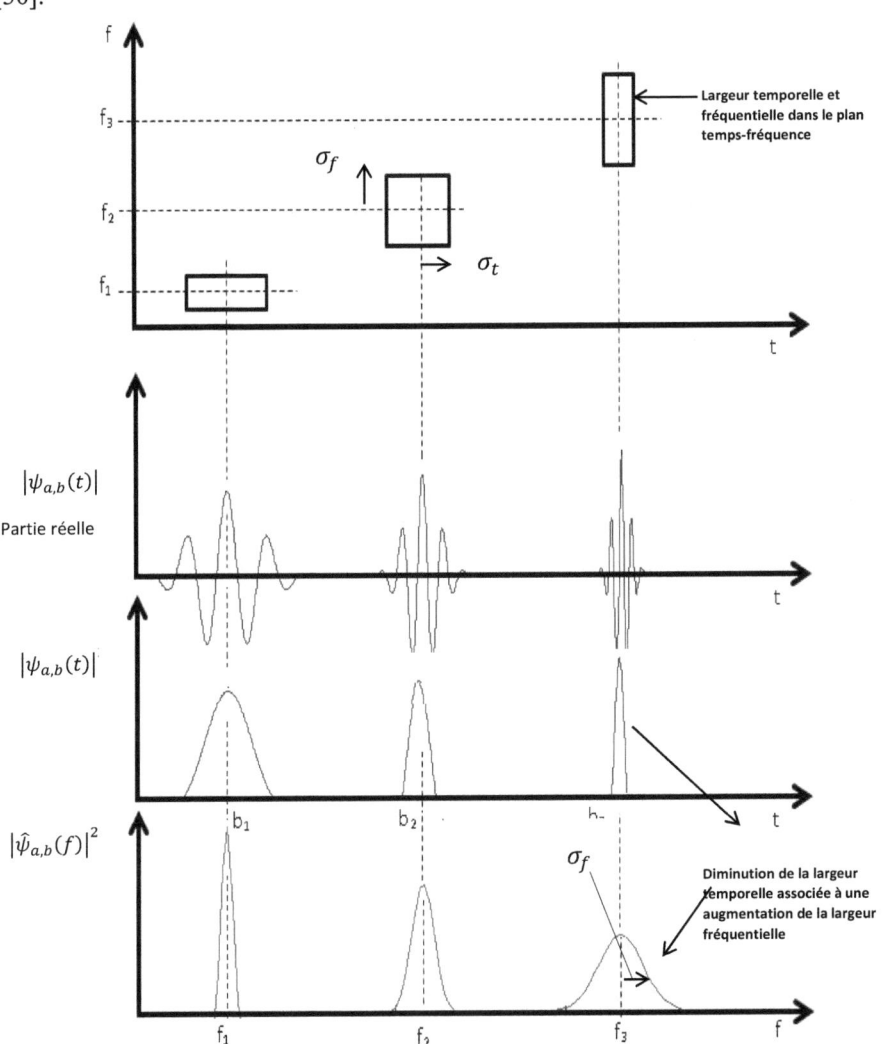

Figure III. 5: Résolutions temporelle et fréquentielle de la transformée en ondelettes, illustrées avec une ondelette de Morlet [31].

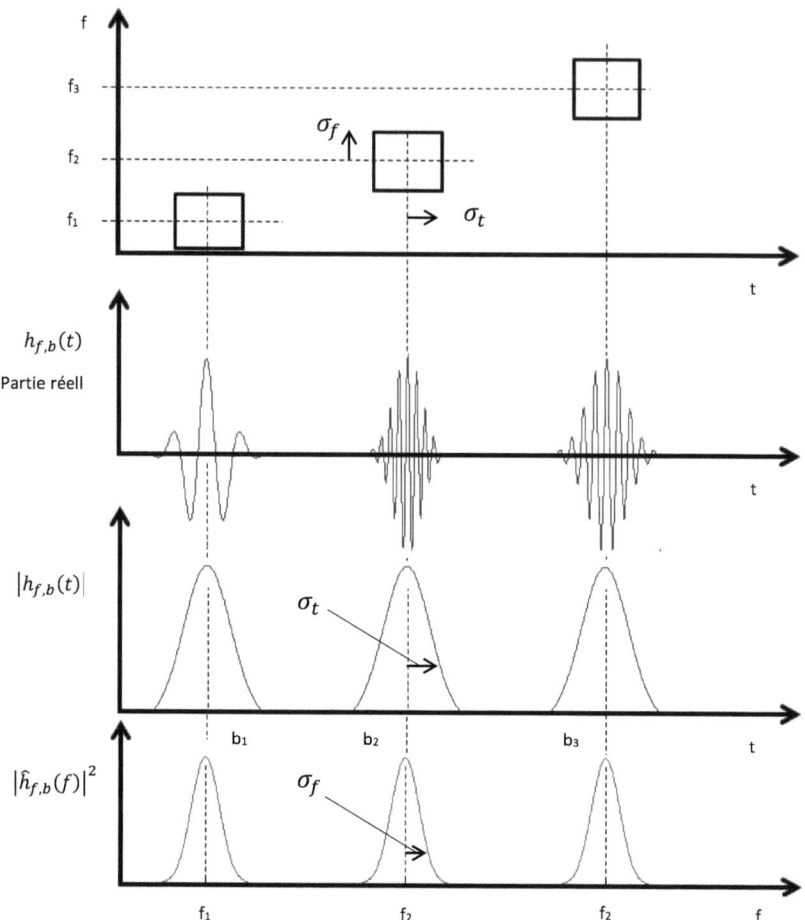

Figure III. 6:Résolutions temporelle et fréquentielle de la transformée de Fourier à court terme [31].

III.6.1. L'avantage de la TO par rapport à la TFCT:

L'avantage principal des ondelettes sur la transformée de Fourier à court terme est la possibilité d'effectuer une analyse multi résolution, c'est-à-dire, une analyse à différentes échelles.

Pour ce faire, on comprime ou on étire une ondelette mère selon la taille de l'intervalle que l'on veut étudier. Cette analyse agit comme un "microscope mathématique", car les ondelettes s'adaptent automatiquement aux différentes composantes du signal : les ondelettes larges donnent une image approximative du signal, tandis que les ondelettes étroites permettent de "zoomer" dans les détails. Les ondelettes sont capables de ressortir les variations du signal et avoir en même temps une bonne approximation dans le domaine des fréquences, pendant que l'analyse de Fourier à court terme est incapable de faire les deux choses en même temps. L'analyse par ondelettes associe à un signal réel une fonction qui dépend de deux variables : temps et échelle. La grille d'analyse des ondelettes diffère donc de la grille d'analyse de la transformée de Fourier à court terme (TFCT), car la fonction de la TFCT dépende des variables : temps et fréquence [31].

III.7. Fréquence instantanée :

Un signal périodique est caractérisé par sa fréquence, qui est définie comme le nombre de cycles par seconde. Afin de pouvoir étudier des signaux quasi périodiques, dont l'amplitude et les durées des cycles varient légèrement dans le temps, des théories ont été développées pour définir une fréquence instantanée, qui décrit la périodicité locale du signal.

III.7.1. Fréquence instantanée spectrale :

Dans de nombreuses applications, le signal que l'on souhaite analyser ne présente pas une périodicité parfaite. L'amplitude et la longueur des cycles varient légèrement au cours du temps. On souhaite cependant caractériser la périodicité locale du signal. Les signaux de ce type sont à bande étroite et peuvent être décrits comme une modulation en phase et en amplitude [30]:

$$z(t) = a(t)e^{j\emptyset(t)} \tag{III.14}$$

$$f_i(t) = \frac{1}{2\pi}\frac{d\emptyset(t)}{dt} \tag{III.15}$$

La décomposition du signal en enveloppe $a(t)$ et fréquence instantanée $f_i(t)$ n'est pas unique. En effet, il y a une infinité de manières de choisir $a(t)$ et $\emptyset(t)$ pour décomposer le signal $z(t)$. On peut par exemple écrire le signal sous la forme $a(t)e^{j2\pi f}$ ou $a_0 e^{j\emptyset(t)}$.

Parmi tous les choix possibles de $a(t)$ et $f_i(t)$, il y a une paire $(a(t), f_i(t))$ idéale. Dans la suite de cette étude, cette fréquence instantanée idéale est appelée fréquence instantanée spectrale. C'est cette fréquence instantanée spectrale que l'on souhaite retrouver en analysant le signal.

La procédure théorique classique permettant de calculer l'enveloppe et la fréquence instantanée d'un signal de façon unique. Une façon unique de construire un signal complexe $z(t)$ à partir d'un signal réel a été proposée par Gabor. Ce signal complexe est connu sous le nom de signal analytique et est obtenu en prenant la transformée de Fourier du signal réel en annulant toutes ses composantes négatives et en multipliant les composantes positives par deux. Dans le domaine temporel, cette opération est d'écrite au moyen de la transformée de Hilbert [32] :

$$z_a(t) = s(t) + jH[s(t)] \qquad \text{(III.16)}$$
$$= a(t)e^{j\emptyset(t)} \qquad \text{(III.17)}$$

Ville a proposé de définir la fréquence instantanée d'un signal exprimé sous la forme a(t)cos(∅(t)) de façon unique à partir de son signal analytique associé par l'équation :

$$f_i(t) = \frac{1}{2\pi} \frac{d \, arg(z_a)}{dt}(t) \qquad \text{(III.18)}$$

III.7.2. Estimation de la fréquence instantanée basée sur une distribution temps-fréquence :

Les distributions temps-fréquence sont utilisées pour suivre l'évolution du contenu fréquentiel d'un signal au cours du temps. Des exemples de distributions temps-fréquence sont des représentations linéaires comme la transformée de Fourier à court terme [32, 33] et la transformée en ondelettes [34], ou des représentations bilinéaires comme la distribution de Wigner-Ville [35, 36] ou la distribution de Choi-Williams [37].

Pour des signaux à composante unique, la fréquence instantanée peut être estimée de plusieurs manières. En effet, pour une distribution temps-fréquence complexe, on dispose d'informations dans le module et dans la phase de la distribution. Au voisinage de la fréquence instantanée du signal, on observe que l'amplitude de la distribution présente un maximum, que la phase des coefficients de la distribution temps-fréquence varie de façon cyclique à une fréquence proche de la fréquence instantanée du signal, et que par conséquent la dérivée de la phase des coefficients est proche de la fréquence instantanée du signal.

Pour chaque instant, la fréquence instantanée peut être estimée par :

– le maximum du module de la distribution [38],

– le point fixe de la dérivée temporelle de la phase de la distribution temps-fréquence [39, 40],

– le moment du premier ordre, pour certains types de distributions [41].

Les figures III.7 et III.8 illustrent les deux premières méthodes d'estimation au moyen d'une transformée en ondelettes continue. L'ondelette-mère est l'ondelette de Morlet complexe, avec le paramètre $\omega_c \sigma_t = 5$. Le signal analyse est une sinusoïde modulée en phase. La fréquence instantanée théorique est donnée par :

$$f_i(t) = \frac{d\emptyset(t)}{dt} = 100 + 10\cos(2\pi 5t) \tag{III.19}$$

La figure III.7 montre le signal, le module et la phase des coefficients de la transformée en ondelettes utilisant une ondelette de Morlet complexe, ainsi que la dérivée de la phase des coefficients par rapport au temps. Pour chaque fréquence analysante f_c, la dérivée de la phase des coefficients à un instant t_i, $\frac{d}{dt}\emptyset(f_c, t_i)$, est approximée en prenant en compte les phases des six coefficients voisins $\emptyset(f_c, t)$, avec $t_i - 3 < t < t_i + 3$. Dans le graphique du module descoefficients, les modules élèves sont représentés en rouge, les modules faibles en bleu. Pour les représentations de la phase et de la dérivée temporelle de la phase des coefficients, les échelles de couleur montrent les valeurs de la phase ou de sa dérivée auxquelles correspondent les couleurs. Les courbes blanches correspondent à la fréquence instantanée théorique.

En effet, si Sur la figure III.7, pour $t = 0, f_i(t) = 100 + 10 = 110$Hz et pour t=0.2s, $t = 0.2s, f_i(t) = 100 + 10\cos(2\pi 5 * 0.2) = 110$Hz, donc les valeurs du module, de la phase et de la dérivée de la phase oscillent entre les valeurs de f_i=110Hz, 90Hz (t=0.1s) et 110 Hz.

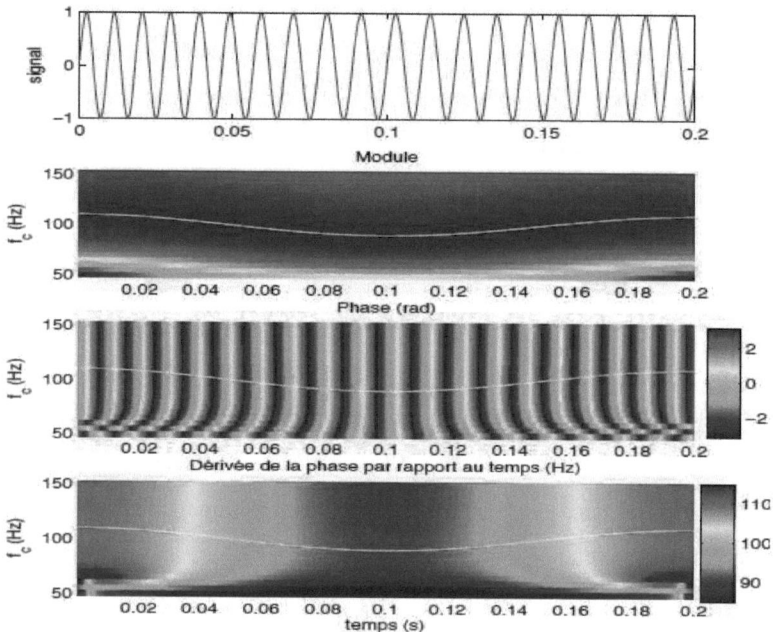

Figure III. 7: Illustration de l'estimation de la fréquence instantanée sur base d'une transformée en ondelettes :

Signal, module et phase des coefficients de la transformée en ondelettes, et dérive de la phase des coefficients par rapport au temps. Dans le graphique du module des coefficients, les modules élevés sont représentés en rouge, les modules faibles en bleu. Pour les représentations de la phase et de la dérivée temporelle de la phase des coefficients, les échelles de couleur montrent les valeurs de la phase ou de sa dérivée auxquelles correspondent les couleurs. Les courbes blanches correspondent à la fréquence instantanée théorique.

La figure III.8 montre le module et la phase des coefficients de la transformée en ondelettes, ainsi que la dérivée de la phase des coefficients par rapport au temps, en fonction de la fréquence analysante, pour l'instant t=0.1s, pour lequel la fréquence instantanée théorique est égale à 90Hz. La droite verte marque la bissectrice.

L'estimation de la fréquence instantanée par le maximum du module des coefficients de la transformée en ondelettes est illustrée sur le deuxième graphique de la figure III.7, qui représente le module des coefficients, et sur lequel on voit que la courbe de la fréquence instantanée théorique suit la crête du module.

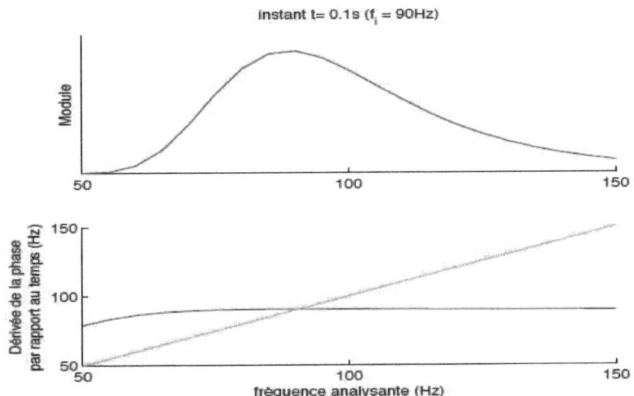

Figure III. 8: Illustration de l'estimation de la fréquence instantanée sur base d'une transformée en ondelettes :

module et phase des coefficients de la transformée en ondelettes, et dérivée de la phase des coefficients par rapport au temps, en fonction de la fréquence analysante, pour l'instant t=0.1 s, pour lequel la fréquence instantanée théorique est égale à 90Hz. La droite verte marque la bissectrice.

Celle-ci peut donc être utilisée pour estimer la fréquence instantanée du signal. L'estimation de la fréquence instantanée au moyen du point fixe de la dérivée temporelle de la phase des coefficients de la transformée en ondelette est illustré dans le troisième graphique de la figure III.8, qui montre la dérivée temporelle de la phase des coefficients en fonction de la fréquence analysante. Les points fixes désignent les fréquences analysantes pour lesquelles la dérivée temporelle de la phase est égale à la fréquence analysante. Sur la figure, il y a un seul point fixe, lorsque la fréquence analysante est égale à 90 Hz, ce qui est la fréquence instantanée théorique pour cet instant. On peut noter que la dérivée de la phase par rapport au temps est proche de la fréquence instantanée théorique pour une large bande de fréquences.

III.7.3 Estimation de la fréquence instantanée pour un signal à plusieurs composantes pseudo-harmoniques :

Dans de nombreuses applications, l'énergie des signaux ne se situe pas dans une bande étroite unique, mais dans plusieurs bandes. Les méthodes décrites ci-dessus doivent donc être adaptées.

Une condition plus ou moins contraignante selon la méthode pour pouvoir dissocier plusieurs composantes pseudo-harmoniques, est que les bandes de fréquences des composantes ne soient pas trop proches.

- Les méthodes basées sur la dérivée de la phase du signal analytique ou les passages par zéro, nécessitent un filtrage préalable du signal isolant les différentes composantes pseudo-harmoniques. Ceci implique une connaissance a priori du signal et du nombre de ses composantes pseudo-harmoniques.
- La méthode basée sur le modèle de prédiction linéaire du signal peut être étendue à la recherche des fréquences instantanées de plusieurs composantes pseudo-harmoniques en recherchant tous les maxima du spectre associe aux coefficients de prédiction.
- Les méthodes basées sur une distribution temps-fréquence bilinéaire comme la distribution de Wigner-Ville ne sont pas optimales pour l'estimation des fréquences instantanées de signaux avec plusieurs composantes pseudo-harmoniques [24]. En effet, des artefacts apparaissent suite à l'interaction entre différentes composantes pseudo-harmoniques du signal, même lorsque les fréquences de ces composantes pseudo-harmoniques sont éloignées.
- Les méthodes basées sur une distribution temps-fréquence linéaire peuvent être appliquées aux signaux à plusieurs composantes pseudo-harmoniques, pour autant que la bande passante de l'atome temps-fréquence à la fréquence instantanée de chaque composante pseudo-harmonique isole cette composante.

En effet, les résidus d'autres pics fréquentiels du signal perturbent l'estimation de la fréquence instantanée de la composante pseudo-harmonique souhaitée. La différence majeure entre la transformée de Fourier et la transformée en ondelettes est que les résolutions temporelles et fréquentielles sont fixes pour toutes les fréquences analysantes pour la transformée de Fourier, tandis qu'elles sont variables pour la transformée en ondelettes, une ondelette de fréquence analysante plus élevée ayant un support temporel plus court et un support fréquentiel plus long.

Pour un signal présentant un spectre composé d'harmoniques, on peut s'attendre au comportement suivant lorsque la bande passante effective de l'atome temps-fréquence est inférieure à la fréquence fondamentale. Lorsque la fréquence centrale est proche de la fréquence d'une harmonique et que la largeur de bande de l'ondelette est faible par rapport à la fréquence fondamentale, le signal filtré par l'ondelette présente une seule composante significative. La fréquence instantanée estimée est alors proche de la fréquence de l'harmonique et peut être interprétée de façon fiable. Par contre, lorsque la fréquence centrale est située entre deux harmoniques, le signal filtré présente deux résidus de composantes fréquentielles d'amplitude non négligeable l'une par rapport a l'autre, la fréquence instantanée obtenue prendra donc des valeurs non interprétables en terme d'enveloppe et de phase instantanée. En pratique, on aura une amplitude faible et une phase au comportement erratique.

III.8. Conclusion :

Dans ce chapitre, nous avons présenté quelques notions de bases sur les ondelettes, la transformée en ondelettes continues et la notion de fréquence instantanée. Nous avons montré que l'estimation de cette dernière à l'aide de la transformée en ondelettes présentait quelques difficultés que nous comptons mettre en évidence dans une application au signal de parole au chapitre IV.

Chapitre IV

Application de la transformée en ondelettes continues complexes au calcul des formants du signal de parole

IV.1. Introduction : **72**

IV.2. Fréquence instantanée et signal analytique : **72**

IV.3. La transformée en ondelettes de Morlet continues complexes : **73**

    IV.3 .1.L'ondelette de Morlet continue complexe : 73

    IV.3.2. La transformée en ondelettes 74

IV.4. Description de la méthode développée : **75**

    IV.4.1. Mise en œuvre de la méthode : 77

    IV.4.2.Application sur un signal théorique : 77

    IV.4.3.Application à un signal de parole : 79

        IV.4.3.1. Production des signaux de parole à analyser par le synthétiseur à formants (Klatt) : 82

        IV.4.3.2. Application de la méthode à des signaux de parole réelle : 86

IV.1. Introduction :

Le but de cette étude est d'estimer les fréquences instantanées correspondantes aux formants du signal de parole au moyen de la transformée en ondelettes. La méthode développée est basée sur une analyse de la dérivée de la phase des coefficients de la transformée en ondelettes de Morlet continues complexes. L'utilisation de signaux synthétisés au moyen d'un modèle à formants de production de parole a permis d'adapter la méthode à des signaux réels de parole et de déterminer les fréquences formantiques instantanées pour tous les types de sons de la parole (sous forme de voyelles isolées, syllabes et mots) . Nous commencerons cette partie par quelques rappels sur la fréquence instantanée et la transformée en ondelettes de Morlet.

IV.2. Fréquence instantanée et signal analytique :

La notion de signal analytique a été posée par Ville en 1948 [42] dans le but de définir la fréquence instantanée. Le signal analytique est un signal complexe associé à un signal réel. Il possède des propriétés intéressantes, notamment en ce qui concerne sa transformée de Fourier, qui est nulle pour les fréquences négatives. Un signal analytique $z(t)$ peut être calculé à partir de la transformée de Hilbert [43] d'un signal réel x(t) tel que :

$$H(x(t)) = \frac{1}{\pi} \int_{-\infty}^{+\infty} \frac{x(t)}{t-s} ds \qquad \text{(IV.1)}$$

$$z_x(t) = x(t) + iH[x(t)] \qquad \text{(IV.2)}$$

Avec H(x(t)) la transformée de Hilbert de x(t) :

La fréquence instantanée $f_x(t)$ [44] est obtenue à partir de la relation :

$$f_x(t) = \frac{1}{2\pi} \frac{d \arg(z_x)}{dt}(t) \qquad \text{(IV.3)}$$

La transformée en ondelettes continues complexes permet également de définir la notion de fréquence instantanée, lorsqu'on utilise une ondelette analytique [45]. L'amplitude et la phase des coefficients complexes CWT de la transformée en ondelette, obtenus à partir d'une ondelette-mère complexe, sont respectivement l'enveloppe et la phase instantanée des composantes spectrales du signal dans la bande de fréquence centrée autour de la fréquence centrale f_c de l'ondelette [46]. La dérivée temporelle de la phase des coefficients CWT est donc une estimation de la fréquence instantanée du signal dans cette bande de fréquences. Par conséquent, on peut étudier l'évolution de la fréquence instantanée dans différentes bandes de fréquence du signal au moyen des coefficients de la transformée en ondelettes. C'est la raison pour laquelle nous choisissons l'ondelette de Morlet continue complexe comme ondelette mère.

IV.3. La transformée en ondelettes de Morlet continues complexes :
IV.3 .1. L'ondelette de Morlet continue complexe :

L'ondelette de Morlet continue complexe est une ondelette analysante pour des petites oscillations (une fréquence centrale f_c : autour de 1Hz). De plus, elle est très bien localisée en temps (entre -4 et 4s) et en fréquences (un pic autour de 0.8 Hz). Ce qui fait d'elle un très bon candidat pour l'analyse du signal de parole.

L'ondelette de Morlet est inspirée du signal élémentaire de Gabor elle est obtenue par modulation d'une gaussienne. Elle est donnée par la relation suivante [47]

$$\psi_{\omega_c}(t) = C e^{-i\omega_c t}\left[e^{-\frac{t^2}{2\sigma_t^2}} - \sqrt{2}e^{-\frac{\omega_c^2 \sigma_t^2}{4}} e^{-\frac{t^2}{\sigma_t^2}}\right] \qquad (IV.3)$$

Où : C : facteur qui permet de normaliser l'énergie.

$\omega_c = 2\pi f_c$ (f_c : est la fréquence centrale de l'ondelette)

$\sigma_t = \frac{1}{2\pi\sigma_f}$ (σ_t est l'écart type de la gaussienne et $4\sigma_t$ est la durée effective de l'ondelette et $4\sigma_f$ sa bande passante).

Le produit $\omega_c \sigma_t$ fixe le lien entre la largeur de l'enveloppe gaussienne de l'ondelette et sa fréquence d'oscillation f_c [48]. Pour avoir une famille d'ondelettes, le produit doit être constant. Pour l'ondelette de Morlet, ce dernier doit prendre des valeurs assez grandes $\omega_c \sigma_t \geq 5$ en pratique). Pour de faibles oscillations : $\omega_c = 2\pi f_c = 5.486$rad/s où $f_c \approx 0.8$Hz. On utilise couramment pour ω_c des valeurs :$5 \leq \omega_c \leq 6$ soit pour f_c : ($0.8 \leq f_c \leq 1$Hz) [47].

IV.3.2. La transformée en ondelettes

Par rapport à la transformée de Fourier, l'idée de base de la transformée en ondelettes est de décomposer un signal x(t) selon une autre base que celle des sinusoïdes, chaque base d'ondelettes possédant des propriétés particulières qui guident son utilisation pour le type de problème posé. Le signal x(t) va donc être décomposé sur une famille de fonctions translatées et dilatées à partir d'une fonction unique ψ (t) appelée ondelette mère. La famille se met sous la forme [47, 49, 50]

$$\psi_{a,b}(t) = \frac{1}{\sqrt{a}} \psi(\frac{t-b}{a}) \tag{IV.4}$$

et est appelée ondelette analysante, avec « a » paramètre de dilatation ou paramètre d'échelle définissant la largeur de la fenêtre d'analyse. La variable « a » joue le rôle de l'inverse de la fréquence : plus « a » est faible moins l'ondelette analysante est étendue temporellement, donc plus la fréquence centrale de son spectre est élevée. Le paramètre « b » est le paramètre de translation localisant l'ondelette analysante dans le domaine temporel. Modifier a et b permet d'avoir des ondelettes à la fréquence voulue et à l'instant souhaité. En notant $\psi^*(t)$ le conjugué de $\psi(t)$, la Transformée en ondelettes du signal x(t) est définie par [47, 49, 50]

$$(W_\psi x)(a, b) = \frac{1}{\sqrt{a}} \int_{-\infty}^{+\infty} x(t)\, \psi^*(\frac{t-b}{a}) dt \tag{IV.5}$$

Cette analyse permet de décrire le contenu de x(t) localement au voisinage de (a, b) dans le plan temps-échelle. Elle nous indique l'importance relative de la fréquence « 1/a » autour du point b (ou à l'instant b) pour le signal x(t). Ainsi, si x(t) vibre à une fréquence nettement moins élevée ou, au contraire, beaucoup plus élevée que « 1/a », le module du coefficient de la T.O. sera très petit et quasiment négligeable. Il ne devient conséquent que si le signal contient une composante de cette fréquence au point considéré. Les coefficients de la T.O. sont donc un moyen de repérer avec précision l'apparition d'une fréquence donnée à un instant donné dans un signal. Cette décomposition est fonction de deux variables a et b et évalue la pertinence de l'utilisation de l'ondelette dans la description de x(t).

IV.4. Description de la méthode développée :

Pour une distribution temps-fréquence complexe, on dispose d'informations dans le module et dans la phase de la distribution. Au voisinage des fréquences centrales d'ondelettes dont la cyclicité correspond bien à celle du signal, l'amplitude de la transformée en ondelettes présente un maximum. La phase des coefficients de la distribution temps-fréquence varie de façon cyclique à une fréquence proche de la fréquence instantanée du signal, par conséquent la dérivée de la phase des coefficients est proche de la fréquence instantanée du signal. On dira alors que pour un instant donné, la fréquence instantanée peut être estimée par [III.7.2] :

- Le maximum du module de la distribution [51],
- Le point fixe de la dérivée temporelle de la phase de la distribution temps fréquence [52, 53],
- Le moment du premier ordre, pour certains types de distributions [49].

Par ailleurs, pour le signal de parole, nous parlerons de formants plus que de fréquences instantanées. Il serait important d'ajouter que dans ce cas, la dérivée de la phase toute seule ne suffirait pas au calcul des formants puisque ces derniers correspondent à des fréquences instantanées d'énergie maximales. Nous ajouterons donc, pour chaque instant, que la fréquence instantanée de chaque formant peut être estimée par le calcul des maxima de l'énergie de la dérivée de la phase. A partir de toutes ces informations nous avons élaboré un organigramme pour le calcul des fréquences instantanées des formants contenues dans un signal de parole.

En tenant compte des paramètres de l'ondelette mère de Morlet cités dans la partie IV.3.1. Ces derniers étant définis dans les intervalles :

- La fréquence centrale de l'ondelette f_c ($0.8 \leq f_c \leq 1$Hz).
- $\omega_c = 2\pi f_c$: $5 \leq \omega_c \leq 6$.
- $\omega_c \sigma_t \geq 5$, donc il faut définir σ_t.

- Définir les intervalles de fréquences correspondant aux fréquences recherchées échelles à partir des échelles de la transformée en ondelettes. Donc, il faut fixer les échelles au préalable.
- Fixer le pas de progression des échelles.

Nous voyons, que l'application de la méthode est conditionnée par le choix d'un grand nombre de paramètres. Ce qui rend son application quelque peu difficile. Sur la base de ces différents paramètres nous proposons l'algorithme de la figure IV.1 pour illustrer le principe de la méthode.

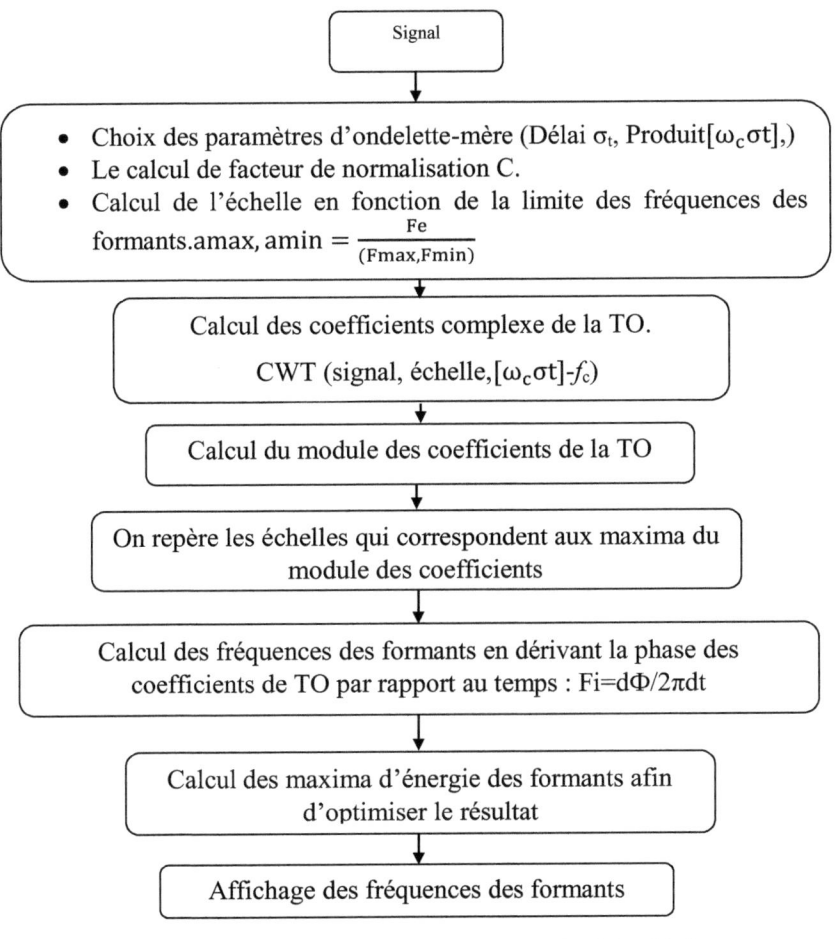

Figure IV. 1: Organigramme correspondant au principe de la méthode.

IV.4.1. Mise en œuvre de la méthode :

La mise en œuvre de la méthode a été faite en langage Matlab, en tenant compte des paramètres de l'ondelette mère de Morlet cités dans la partie IV.3.1. Nous avons commencé par valider la méthode pour un signal théorique ensuite nous sommes passés à l'application sur un signal réel de parole.

IV.4.2. Application sur un signal théorique :

Nous avons choisi un signal x(t) composé de 4 sinusoïdes tel que :
x(t)= 5sin (2π*300t) + 10sin (2π*1000t) + 15sin (2π*3000t) + 10sin (2π*5000t).

Les échelles ont été choisies de façon à ce qu'elles couvrent les fréquences recherchées : 3 bandes de fréquences : [200,1500] ; [1500,4000] ; [4000,6000]. Les valeurs du produit $\omega_c * \sigma t \geq 5$ comme dit dans la littérature. Nous avons calculé le module des coefficients de la transformée en ondelettes (amplitude du module en fonction des échelles). Le résultat obtenu est illustré en figure IV.2. Les fréquences instantanées sont estimées par le maximum du module des coefficients de la transformée en ondelettes comme précisé en figure IV.2.

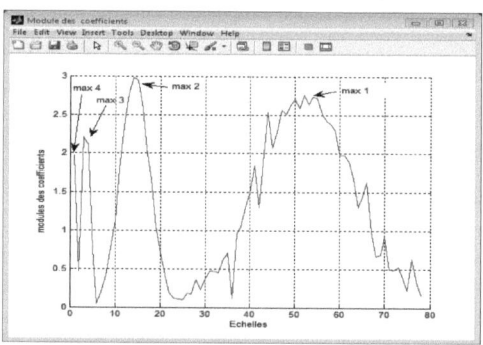

Figure IV. 2: Module des coefficients de la transformée en ondelettes en fonction de l'échelle.

Nous repérons ensuite les échelles qui correspondent aux maxima du module des coefficients. Nous calculons les fréquences en dérivant la phase des coefficients de la TO qui correspondent à ces échelles par rapport au temps : (figure IV.3).

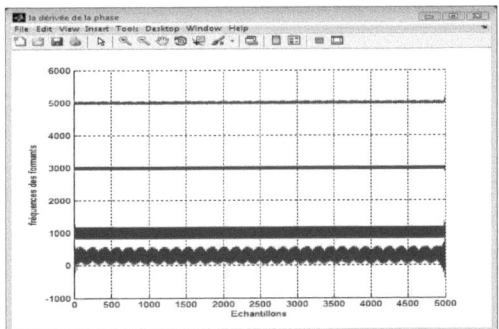

Figure IV. 3: Dérivée de la phase des coefficients de la TO correspondante à chaque maximum de la figure IIV.2.

Ces dernières correspondent bien aux fréquences du signal x(t) (relatives à chaque pics du module : max1, max3, max3, max4) : F1=300Hz, F2=1000Hz, F3=3000Hz et F4=5000Hz. Celles-ci peuvent donc être utilisées pour une première estimation des fréquences instantanées du signal. La figure IV.4 représente l'énergie d'une des fréquences de la figure IV.3.

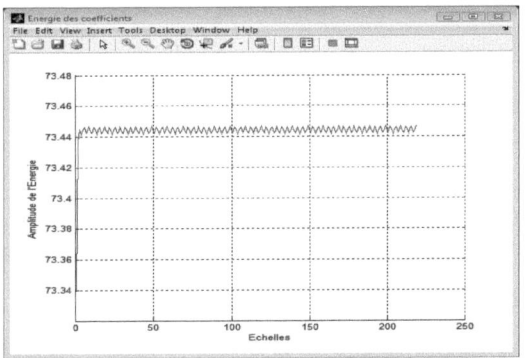

Figure IV. 4: Energie des coefficients de la TO pour une fréquence.

En figure IV.5, nous avons les maxima des énergies des fréquences obtenues en figure IV.4 (représenté sur le spectrogramme du signal x(t)), correspondants bien aux fréquences du signal x(t).

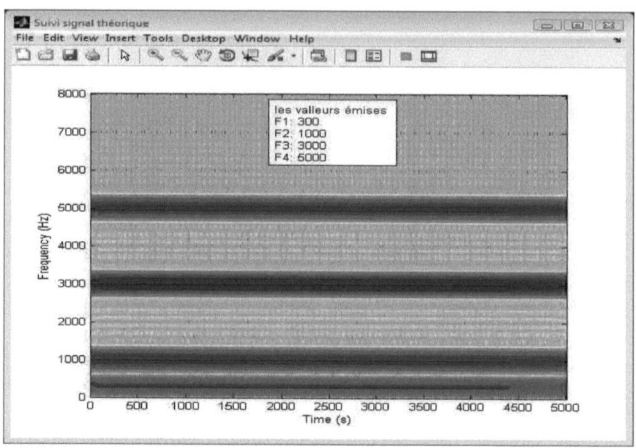

Figure IV. 5:Maximum de l'énergie pour les quatre fréquences instantanées.

Ces résultats montrent que la méthode est applicable sur un signal théorique.

IV.4.3. Application à un signal de parole :

L'estimation des caractéristiques du conduit vocal à partir du signal de parole est un domaine de recherche important, notamment à cause de son utilité pour la compréhension et la modélisation du mécanisme de production de la parole. Pour décrire le conduit vocal, on mesure généralement les caractéristiques des formants qui sont les pics observés dans le spectre du signal vocal et qui correspondent aux résonances libres dans le conduit vocal.

Les propriétés du conduit vocal varient dans le temps. D'une part, la forme du conduit vocal varie durant la production de la parole à cause des mouvements des articulateurs. D'autre part, des variations apparaissent au rythme du cycle glottique, à cause de la vibration des cordes vocales [54].

En effet, les cordes vocales oscillent entre une phase fermée et une phase ouverte, ce qui modifie les caractéristiques du système : pendant la phase fermée, le conduit vocal est fermé à la glotte et le signal de parole résulte des résonances libres dans le conduit, tandis que pendant la phase ouverte, le conduit vocal est couplé acoustiquement avec la glotte et la trachée, ce qui modifie les résonances du conduit.

Pour obtenir les meilleures performances dans le suivi des variations temporelles des paramètres des formants, il faut donc que les fenêtres d'analyse aient une longueur effective plus courte que le cycle glottique.

Dans une étude de 2007, des chercheurs Belges (*Laurence Cnockaert, Jean choentgenet Francis Grenez, de l'Université Libre de Bruxelles, Faculté des Sciences Appliquées, Service Ondes et Signaux*), proposent de choisir les paramètres de la transformée en ondelettes en se basant sur les mécanismes de la phonation. Ils stipulent que pour optimiser le choix du paramètre de l'ondelette de Morlet, il faut tenir compte de deux contraintes contradictoires.

- D'une part, on voudrait que la durée effective de l'ondelette soit longue, pour que sa bande passante soit étroite. En effet, si la composante fréquentielle du formant n'est pas bien isolée, l'estimation de sa fréquence au moyen de la fréquence instantanée est perturbée par les formants voisins. Une durée effective longue permet également une meilleure robustesse par rapport au bruit à haute fréquence.
- D'autre part, on voudrait que la durée effective soit courte, plus courte que la durée de cycle glottique pour ne pas avoir d'effet d'harmoniques de la fréquence phonatoire, ou plus courte encore pour mieux isoler la phase fermée du cycle glottique. Un compromis est choisi pour chaque formant séparément.

Ils définissent la longueur effective de l'ondelette de Morlet complexe comme quatre fois l'écart-type σt de l'enveloppe gaussienne de l'ondelette, et sa bande passante comme quatre fois l'écart-type σ*f* de l'enveloppe gaussienne de sa transformée de Fourier. La contrainte de durée effective de l'ondelette L_{ond} inférieure à la durée de cycle T_0 peut être exprimée de la façon suivante :

$$Tond < T0 = \frac{1}{F0} \qquad (IV.6)$$

On obtient la contrainte suivante pour le paramètre $\omega_c * \sigma t$ correspondant au calcul du formant Fi :

$$4*\sigma t < \frac{1}{F0} \qquad (IV.7)$$

$$4*\sigma t*\omega_c < \frac{1}{F0}*\omega_c \qquad (IV.8)$$

$$\sigma t*\omega_c < \frac{1}{4*F0}*2*\pi*Fi \qquad (IV.9)$$

$$\omega_c*\sigma t < \frac{\pi*Fi}{2*F0} \qquad (IV.10)$$

La contrainte de bande passante suffisamment étroite pour supprimer les composantes des autres formants peut être exprimée par $2*\sigma_f < F2 - F1$. (F1 et F2 : premier et deuxième formant du signal analysé)

Avec

$$\sigma f = \frac{1}{2*\pi*\sigma t} \qquad (IV.11)$$

$$\frac{1}{\pi*\sigma t} < Fi - Fj \qquad (IV.12)$$

$$\omega_c*\pi*\sigma t > \frac{\omega_c}{(Fi-Fj)} \qquad (IV.13)$$

$$\omega_c*\sigma t > 2\frac{Fi}{(Fi-Fj)} \qquad (IV.14)$$

Sur la base de ces contraintes, *L.*Cnockaert propose les valeurs illustrées dans le tableau IV.1 pour les produits $\omega_c \sigma_t$, pour les formants du signal de parole

Formants	$\omega_c \sigma t$
F1	**5**
F2	**8**
F3	**8**
F4	**10**
F5	**10**

Tableau IV. 1: Valeurs des produits $\omega_c \sigma_t$, pour les formants du signal de parole, proposées par *L.* Cnockaert.

Pour notre part, nous avons essayé de déterminer les valeurs des produits $\omega_c \sigma_t$ pour une fréquence centrale f_c donnée de l'ondelette de Morlet en se basant uniquement sur les paramètres de l'ondelette donnée au chapitre III. Nous avons fait varier un paramètre à la fois (en gardant fixe les autres). Cette qui a pour avantage d'éviter de calculer la fréquence fondamentale du signal, de plus, l'algorithme pourra ainsi s'appliquer à n'importe quel type de signal.

Dans un souci de validation de notre algorithme, nous avons commencé par appliquer la méthode sur des signaux de parole dont nous connaissons au préalable les valeurs des formants (signaux généré à l'aide du synthétiseur de Klatt développé au chapitre II).

IV.4.3.1. Production des signaux de parole à analyser par le synthétiseur à formants (Klatt) :

A l'aide du synthétiseur de Klatt réalisé au chapitre II, nous avons synthétisé 3 voyelles (/a/, /i/ et /ou/) dont les formants Fi sont constants en fonction du temps (voir tableau IV.2). Le choix des voyelles (/a/, /i/ et /ou/) est justifié par le fait que leurs formants réunis permettent de couvrir tout l'espace acoustique du signal de parole.

	F0	F1	F2	F3	F4	F5
/a/	200	700	1200	2700	3900	5700
/i/	200	270	2400	3370	3800	4900
/ou/	300	350	900	3300	4000	5200

Tableau IV. 2: valeurs fixées pour les formants des 3 voyelles synthétisées.

Partant de l'hypothèse que le produit $\omega_c \sigma_t$ fixe le lien entre la largeur de l'enveloppe gaussienne de l'ondelette et sa fréquence d'oscillation f_c et que pour avoir une famille d'ondelettes, le produit doit être constant (pour l'ondelette de Morlet : $0.8 \leq f_c \leq 1$ et $\omega_c * \sigma_t \geq 5$ il s'agit alors de trouver les couples de paramètres (f_c, $\omega_c \sigma_t$) qui permettent de détecter les valeurs de formants introduites dans le synthétiseur avec précision. Ces couples de valeurs seront ensuite utilisés et ajustés pour des signaux réels de parole. La méthode utilisée est la suivante :

- Choix de 5 bandes de fréquences permettant de couvrir chacune un formant parmi les cinq des fréquences formantiques (5 formants) pour les trois sons. Ces dernières serviront à fixer les échelles pour la transformée en ondelettes : [200,900], [900,1500], [1500,3000], [3000,4500], [4500, fech/2] en Hz;
- Nous avons ensuite fait varier la fréquence centrale f_c, de l'ondelette mère par pas de 0.25Hz sur la bande de fréquences fixée au chapitre IV.1 : $0.8 \leq f_c \leq 1$.
- Pour chaque valeur de f_c, nous avons fait varier le produit $\omega_c \sigma t$ par pas de 0.5 en démarrant de 5 comme cité dans la littérature.

Le tableau IV.3 illustre les résultats obtenus pour tous les couples (f_c, $\omega_c \sigma_t$) testés. Le signe « moins » sur le tableau correspond à un mauvais résultat, c'est-à-dire que les formants obtenus ne sont pas fidèles à ceux du signal synthétique et le signe « plus » correspond à un bon résultat. Partant de l'hypothèse que le produit $\omega_c \sigma_t$ fixe le lien entre la largeur de l'enveloppe gaussienne de l'ondelette et sa fréquence d'oscillation f_c et que pour avoir une famille d'ondelettes, le produit doit être constant (pour l'ondelette de Morlet : $0.8 \leq f_c \leq 1$ et $\omega_c * \sigma_t \geq 5$ il s'agit alors de trouver les couples de paramètres (f_c, $\omega_c \sigma_t$) qui permettent de détecter les valeurs de formants introduites dans le synthétiseur avec précision. Ces couples de valeurs seront ensuite utilisés et ajustés pour des signaux réels de parole.

Bondes passantes	Fréquence centrale	Les valeurs de produit utilisé pour le son A synthétique												
		5	5.5	6	6.5	7	7.5	8	8.5	9	9.5	10	10.5	11
[200,900]	0.800	+	+	+	-	-	-	-	-	-	-	-	-	-
	0.825	+	+	+	-	-	-	-	-	-	-	-	-	-
	0.850	+	-	-	-	-	-	-	-	-	-	-	-	-
	0.875	+	-	-	-	-	-	-	-	-	-	-	-	-
	0.900	+	-	-	-	-	-	-	-	-	-	-	-	-
	0.925	-	-	-	-	-	-	-	-	-	-	-	-	-
	0.950	-	-	-	-	-	-	-	-	-	-	-	-	-
	0.975	-	-	-	-	-	-	-	-	-	-	-	-	-
	1.000	-	-	-	-	-	-	-	-	-	-	-	-	-
[900,1500]	0.800	-	-	+	+	+	+	+	+	-	-	-	-	-
	0.825	-	-	-	-	-	+	+	+	-	-	-	-	-
	0.850	-	-	-	-	-	+	+	+	+	-	-	-	-
	0.875	-	-	-	-	-	+	+	+	+	-	-	-	-
	0.900	-	-	-	-	-	+	+	+	+	-	-	-	-
	0.925	-	-	-	-	-	+	+	+	+	-	-	-	-
	0.950	-	-	-	-	-	+	+	+	+	+	+	-	-
	0.975	-	-	-	-	-	+	+	+	+	+	+	-	-
	1.000	-	-	-	-	-	+	+	+	+	+	+	-	-
[1500,3000]	0.800	-	-	-	-	+	+	+	+	+	+	+	+	+
	0.825	-	-	-	-	+	+	+	+	+	+	+	+	+
	0.850	-	-	-	-	+	+	+	+	+	+	+	+	+
	0.875	-	-	-	-	+	+	+	+	+	+	+	+	+
	0.900	-	-	+	+	+	+	+	+	+	+	+	+	+
	0.925	-	-	+	+	+	+	+	+	+	+	+	+	+
	0.950	-	-	+	+	+	+	+	+	+	+	+	+	+
	0.975	-	-	+	+	+	+	+	+	+	+	+	+	+
	1.000	-	-	+	+	+	+	+	+	+	+	+	+	+
[3000,4500]	0.800	-	-	-	-	-	-	-	-	-	-	-	-	-
	0.825	-	-	-	-	-	-	-	-	-	-	-	-	-
	0.850	-	-	-	-	-	-	-	-	-	-	-	-	-
	0.875	-	-	-	-	-	+	+	+	+	+	+	+	+
	0.900	-	-	-	-	-	+	+	+	+	+	+	+	+
	0.925	-	+	+	+	+	+	+	+	+	+	+	+	+
	0.950	-	+	+	+	+	+	+	+	+	+	+	+	+
	0.975	-	+	+	+	+	+	+	+	+	+	+	+	+
	1.000	-	-	-	-	+	+	+	+	+	+	+	+	+
[4500,fe/2]	0.800	-	-	-	-	-	-	-	-	-	-	-	-	-
	0.825	-	-	-	-	-	-	-	-	-	-	-	-	-
	0.850	-	-	-	-	-	-	-	-	-	-	-	-	-
	0.875	-	-	-	-	-	-	-	-	-	-	-	-	-
	0.900	-	-	-	-	-	-	-	-	-	-	-	-	-
	0.925	-	-	-	-	-	-	-	-	-	-	-	-	-
	0.950	-	-	-	-	-	-	+	+	+	+	+	+	+
	0.975	-	-	-	-	+	+	+	+	+	+	+	+	+
	1.000	-	-	+	+	+	+	+	+	+	+	+	+	+

Tableau IV. 3: Couples $(f_c, \omega_c \sigma t)$ obtenus pour la voyelle synthétique [a] :

(le signe plus correspond à un bon résultat et le signe moins à un mauvais résultat.

Le même travail a été effectué pour les deux autres voyelles ([i], [ou]).

Les Couples de paramètres $(f_c, \omega_c \sigma_t)$ obtenus pour les 3 sons sont illustrés par le tableau IV.4. Notons que les mêmes couples de points ont été obtenus par L. Cnockaert [48] en raisonnant sur la valeur de la fréquence fondamentale et sur les valeurs formantiques du signal analysé.

Bandes de fréquences	f_c	$\omega_c \sigma t$
[200,900]	0.8	5
[900,1500]	1	8
[1500,3000]	0.9	8
[3000,4500]	1	10
[[4500,fe/2]	1	10

Tableau IV. 4: Couples de paramètres(f_c, $\omega_c \sigma t$) *valables pour les 3 voyelles synthétiques*

Les suivis de formants obtenus pour chaque voyelle sont représentés en figures IV.6, IV.7, IV.8. Sur ces figures, les formants ont été tracé sur le spectrogramme : d'une part à l'aide de la méthode basée sur transformée en ondelettes et d'autre part à l'aide de la méthode basée sur la prédiction linéaire (pour comparaison des résultats).

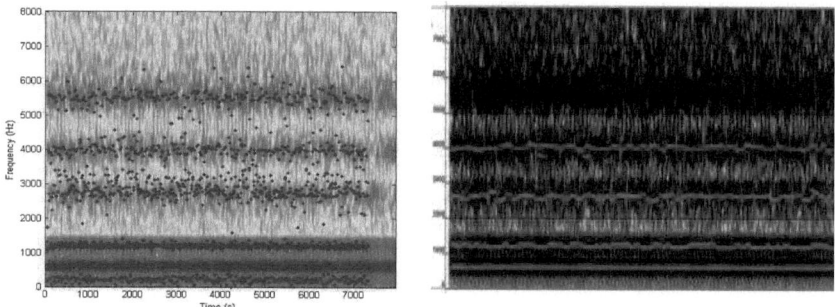

Figure IV. 6: Résultats obtenus pour la voyelle [a].

(a) avec la TO, (b) avec le logiciel winsnoori utilisant la LPC).

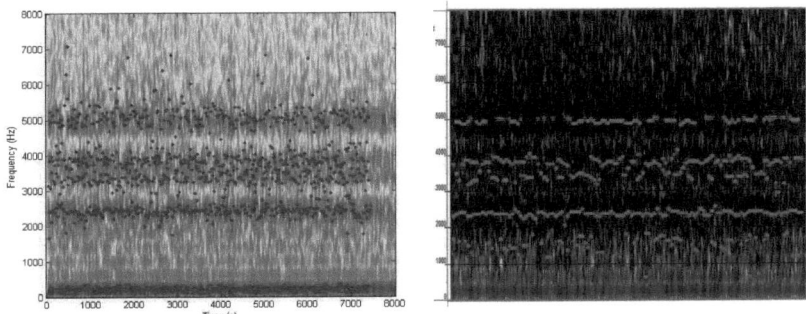

Figure IV. 7: Résultats obtenus pour la voyelle [i].
(a) avec la TO, (b) avec le logiciel winsnoori utilisant la LPC).

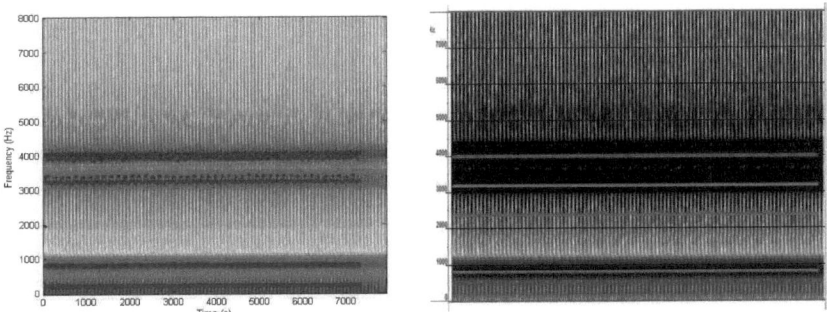

Figure IV. 8: Résultats obtenus pour la voyelle [ou].
(a) avec la TO, (b) avec le logiciel winsnoori utilisant la LPC).

Les fréquences formantiques instantanées trouvées sur les 3 figures correspondent bien aux fréquences fixées dans le tableau IV.2. Ce qui valide les couples de valeurs $(f_c, \omega_c \sigma t)$ obtenus sur le tableau IV.4.

Ces résultats seront appliqués pour le calcul des formants dans le cas d'un signal de parole réel.

IV.4.3.2. Application de la méthode à des signaux de parole réelle :

Sur la base des couples de paramètres obtenus pour des signaux de parole synthétique (tableau IV.4), nous avons appliqués la méthode à des signaux de parole réelle (voyelles, syllabes et mots) préenregistrés, nous avons représenté les résultats sur le spectrogramme relatif à chaque son , puis comparé au résultat obtenu à l'aide de la LPC.

Ces différents sons sont choisis de façon à ce qu'ils couvrent tous les types de sons de la parole, à savoir : voyelles ouvertes et fermées (/a/, /i/, /ou/), consonnes fricatives (/s/), plosives (/k/, /p/), nasales (/m/, /n/), pharyngales (/â/).

D'autres part, nous avons choisis des syllabes et des mots pour voir le comportement de la méthode face à une transition formantique (syllabes) et 2 transitions formantiques et plus (mots).

a) Résultats obtenus pour des voyelles réelles isolées (/a/, /i/ et /ou/).

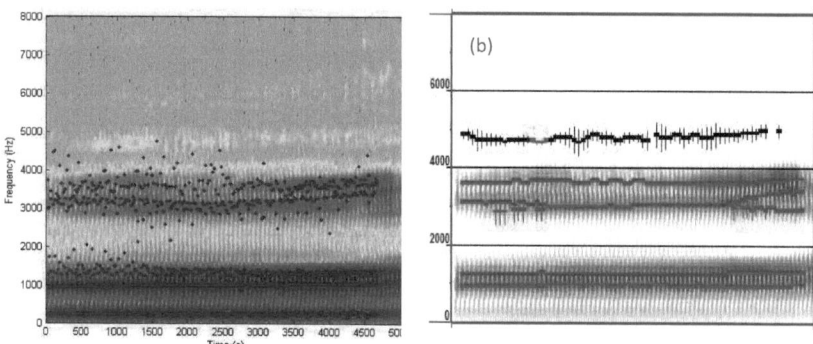

Figure IV. 9 : Résultats obtenus pour la voyelle isolée [a].
(a) avec la TO, (b) avec le logiciel winsnoori utilisant la LPC).

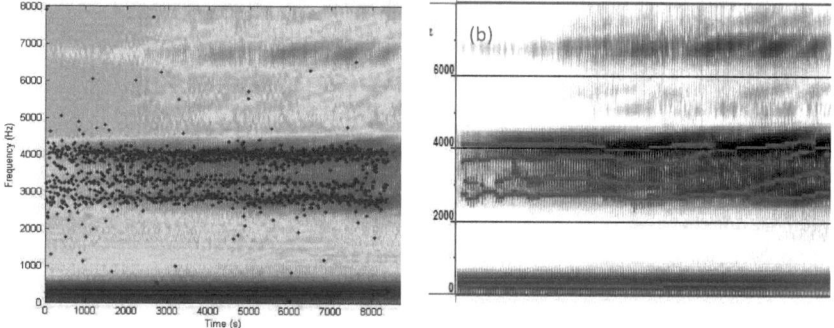

Figure IV. 10: Résultats obtenus pour la voyelle isolée [i].
(a) avec la TO, (b) avec le logiciel winsnoori utilisant la LPC).

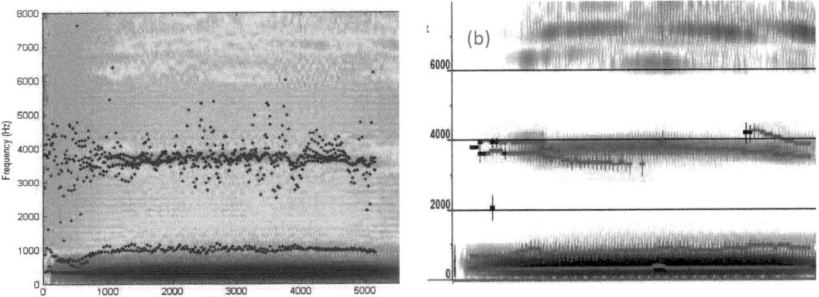

Figure IV. 11: Résultats obtenus pour la voyelle isolée [ou].

(a) avec la TO, (b) avec le logiciel winsnoori utilisant la LPC).

b) Résultats obtenus pour des syllabes (/sa/, /ka/, /pa/, /ta/, /la/, /you/).

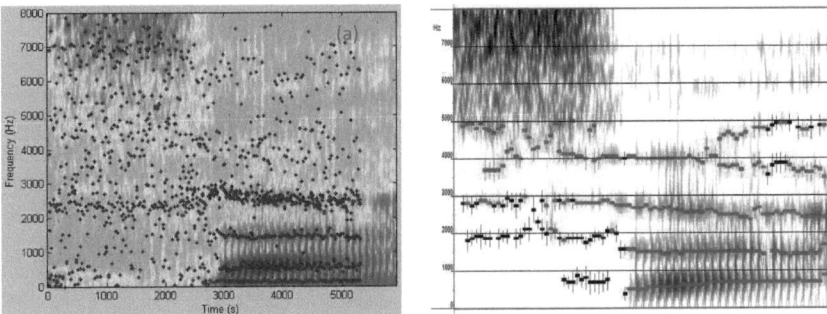

Figure IV. 12: Résultats obtenus pour la syllabe [sa]

(a) avec la TO, (b) avec le logiciel winsnoori utilisant la LPC).

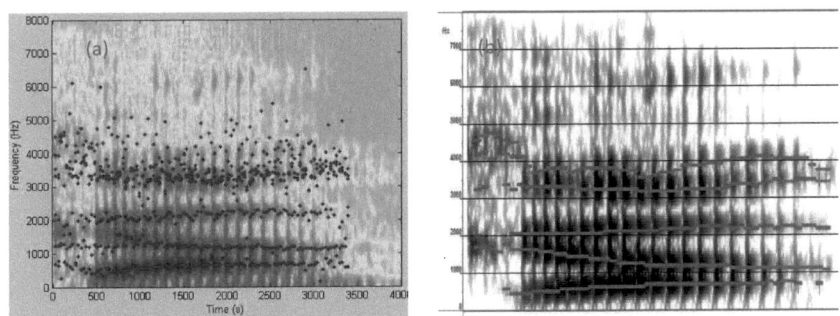

Figure IV. 13: Résultats obtenus pour syllabe [ka]

(a) avec la TO, (b) avec le logiciel winsnoori utilisant la LPC).

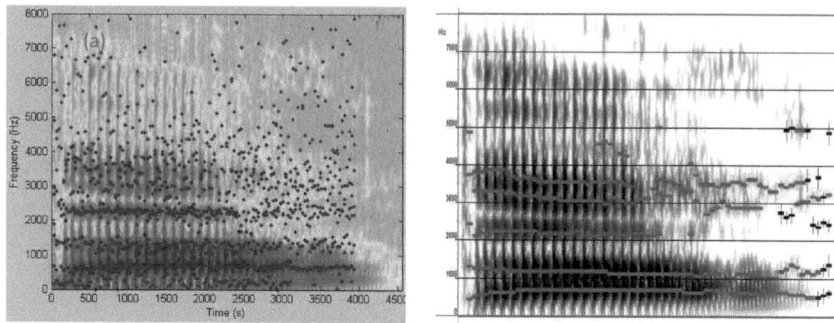

Figure IV. 14: Résultats obtenus pour la syllabe [pa]

(a) avec la TO, (b) avec le logiciel winsnoori utilisant la LPC).

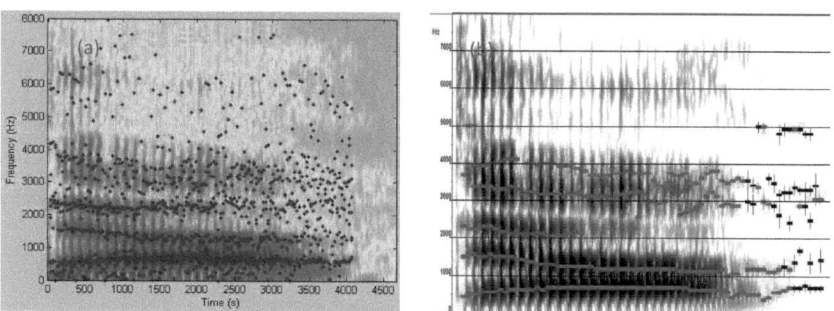

Figure IV. 15: Résultats obtenus pour la syllabe [ta]

(a) avec la TO, (b) avec le logiciel winsnoori utilisant la LPC).

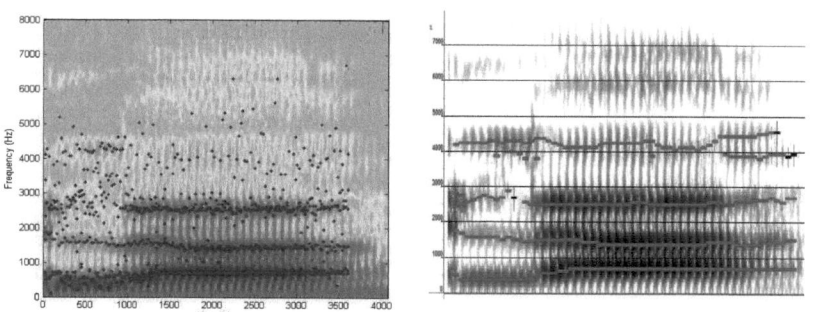

Figure IV. 16:Résultats obtenus pour la syllabe [la]

(a) avec la TO, (b) avec le logiciel winsnoori utilisant la LPC).

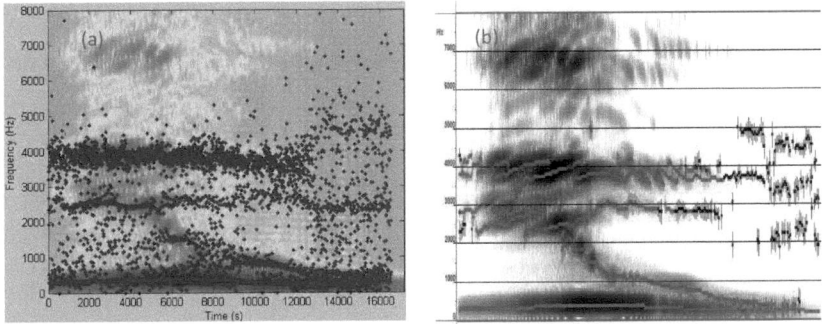

Figure IV. 17: Résultats obtenus pour la syllabe [you]
(a) avec la TO, (b) avec le logiciel winsnoori utilisant la LPC).

c) Résultats obtenus pour des mots (/a3ila/, /men/)

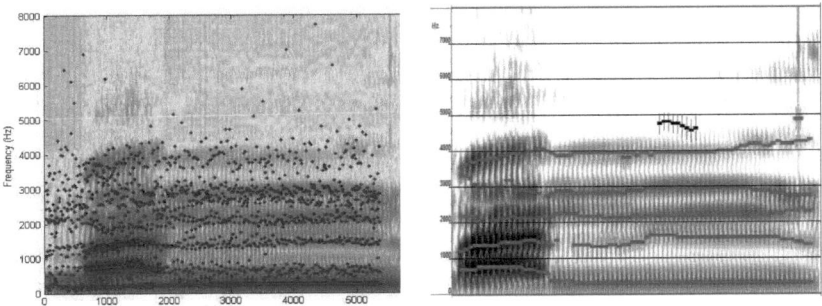

Figure IV. 18: Résultats obtenus pour le mot arabe [men].
(a) avec la TO, (b) avec le logiciel winsnoori utilisant la LPC).

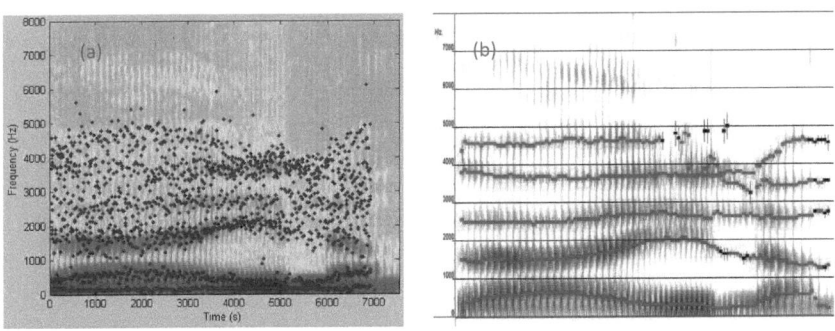

Figure IV. 19: Résultats obtenus pour le mot arabe [/aâila/].
(a) avec la TO, (b) avec le logiciel winsnoori utilisant la LPC).

IV.5. Conclusion :

Les résultats obtenus pour des voyelles isolées sont bons, cependant, dans le cas des syllabes et des mots, ils sont parfois de moins bonnes qualité. Néanmoins, nous voyons que la détection de formants par transformées en ondelettes est tout à fait satisfaisante. Son avantage est qu'elle s'applique directement sur le signal acoustique sans faire appel à un fenêtrage. Son inconvénient réside dans le choix de ses paramètres comme toutes les autres méthodes de détection de formants. En effet, nous tenons à signaler que les couples de paramètres (f_c, $\omega_c \sigma t$) présentés au tableau IV.4 ont dû être parfois légèrement réajustés (surtout dans le cas de syllabe et de mots) pour obtenir des résultats similaires à ceux de la LPC.

Par ailleurs, nous avons remarqué qu'il y a apparition de points supplémentaires (ou d'artéfacts) en plus de ceux des formants existants sur les différentes figures des résultats présentés pour le cas des signaux réels. Ce phénomène est dû à l'interaction entre différentes composantes pseudo-harmoniques du signal, même lorsque les fréquences de ces composantes pseudo-harmoniques sont éloignées. En effet, l'énergie des signaux ne se situe pas dans une bande étroite unique, mais dans plusieurs bandes. Ce phénomène est propre des méthodes basées sur une distribution temps-fréquence bilinéaire (voir III.7.2)

Nous avons noté aussi un problème qui pourrait être réglé par un lissage ou une interpolation afin d'obtenir des suivis de formants comme dans le cas de la LPC. Il serait intéressant de se pencher sur ce problème en proposant une méthode qui pourrait apporter un plus aux résultats afin de les affiner.

Conclusion générale

Cette étude nous a montré que la transformée en ondelettes continues complexes d'un signal de parole peut permettre d'estimer les fréquences des formants, lorsque les paramètres de la transformée sont bien choisis.

En effet, les valeurs du produit $\omega_c\sigma_t$ obtenues pour les sons analysés (voyelles isolées, consones syllabes et mots) ont permis d'obtenir des résultats satisfaisants et rejoignent celles obtenus par un autre chercheur pour des voyelles isolées.

La difficulté de cette méthode réside dans le choix de ces paramètres comme toutes les autres méthodes de détection de formants, cependant, elle a l'avantage de s'appliquer directement sur le signal non stationnaire.

Les résultats obtenus pour des voyelles isolées sont bons, cependant, dans le cas des syllabes et des mots, ils sont parfois de moins bonnes qualité. Néanmoins, nous voyons que la détection de formants par transformées en ondelettes est tout à fait satisfaisante.

Son avantage est qu'elle s'applique directement sur le signal acoustique sans prétraitement préalable.

Son inconvénient réside dans le choix de ses paramètres comme toutes les autres méthodes de détection de formants. En effet, nous tenons à signaler que les couples de paramètres (f_c, $\omega_c\sigma t$) présentés au tableau IV.4 ont du être parfois légèrement réajustés (surtout dans le cas de syllabes et de mots) pour obtenir des résultats similaires à ceux de la LPC.

Par ailleurs, nous avons remarqué qu'il y a apparition de points supplémentaires (ou d'artéfacts) en plus de ceux des formants existants sur les différentes figures des résultats présentés pour le cas des signaux réels. Ce phénomène est dû à l'interaction entre différentes composantes pseudo-harmoniques du signal, même lorsque les fréquences de ces composantes pseudo-harmoniques sont éloignées. En effet, l'énergie des signaux ne se situe pas dans une bande étroite unique, mais dans plusieurs bandes.

Ce phénomène est propre des méthodes basées sur une distribution temps-fréquence bilinéaire (voir III.3.2)

Nous avons noté aussi un problème qui pourrait être réglé par un lissage ou une interpolation afin d'obtenir des suivis de formants comme dans le cas de la LPC. Il serait intéressant de se pencher sur ce problème en proposant une méthode qui pourrait apporter un plus aux résultats afin de les affiner.

Cette étude m'a permis de découvrir un domaine de traitement du signal très enrichissant. En effet, le domaine d'application des méthodes temps fréquences est très vaste et très porteur de nos jours.

Elle m'a permis de comprendre les mécanismes de la phonation par le biais du développement du modèle à formants de production de Klatt et l'importance des formants dans différents domaines comme la synthèse, la reconnaissance, le codage de la parole.

Bibliographie

[1] L. R. Rabiner and R. W. Schafer. *Digital Processing of Speech*. Prentice-Hall, Englewood Cliffs, N.J., 1978.

[2] Gunnar Fant. *Acoustic theory of speech production*. The Hague : Mouton, 1960.

[3] Calliope. *La parole et son traitement automatique*. Masson, Paris, France, 1989.

[4] S. McCandless. An algorithm for automatic formant extraction using linear prediction analysis. *IEEE Transaction on ASSP*, 22:135–141, 1974.

[5] John D. Markel and Augustine H. Gray. *Linear prediction of speech*. Springer-Verlag, Berlin–Germany, 1976.

[6] Alexandros Potamianos and Petros Maragos. Speech formant frequency and bandwidth tracking using multiband energy demodulation. In *IEEE International Conferenceon Acoustics, Speech and Signal Processing*, pages 784–787, 1995.

[7] Alexandros Potamianos and Petros Maragos. Speech formant frequency and bandwidth tracking using multiband energy demodulation. *Journal of the Acoustical Societyof America*, 99:3795–3806, 1996.

[8] Yves Laprie. Formant tracking adapted to acoustic-phonetic decoding. In *Proceedings of the European Conference on Speech Communication and Technology*, volume 2, pages 669–672, Paris - France, 1989.

[9] Yves Laprie. Optimum spectral peak track interpretation in terms of formants. In *Proceedings of the International Conference on Speech and Language Processing*, volume 2, pages 1261–1264, Kobe - Japan, 1990.

[10] Yves Laprie and Marie-Odile Berger. A new paradigm for reliable automatic formant tracking. *IEEE International Conference on Acoustics, Speech, and Signal Processing*, 2: 201–204, 1994.

[11] Marie-Odile Berger. *Les contours actifs : Modélisation, comportement et convergence*. PhD thesis, Institut National Polytechnique de Lorraine, Nancy, France, 1991.

[12] Gary E. Kopec. Formant tracking using hidden Markov models. In *IEEE International Conference on Acoustics, Speech and Signal Processing*, pages 1113–1116, 1985.

[13] Gary E. Kopec. Formant tracking using hidden markov models and vector quantization. *IEEE Transactions on ASSP*, 34(4):709–729, 1986.

[14] Gerhard Rigoll. A new algorithm for estimation of formant trajectories directly from the speech signal based on an extended Kalman filter. In *IEEE International Conferenceon Acoustics, Speech and Signal Processing*, pages 1229–1232, 1986.

[15] Mahesan Niranjan, Ingemar J. Cox, and Sunita Hingorani. Recursive tracking of formants in speech signals. In *IEEE International Conference on Acoustics, Speech andSignal Processing*, volume 2, pages 205–208, 1994.

[16] Gerhard Rigoll. Formant tracking with quasilinearization. *IEEE International Conference on Acoustics, Speech, and Signal Processing*, 1:307–310, 1988.

[17] Melvin J. Hunt. A robust formant-based speech spectrum comparison measure. In*IEEE International Conference on Acoustics, Speech and Signal Processing*, pages1117–1120, 1985.

[18] Bruno Mathieu « *Modèle de production de parole et reconnaissance à partir d'automates* »Thèse de doctorat en informatique. Université Henri Poincaré-Nancy

[19] Klatt.D.H *"Software for a cascade/parallel formant synthesizer" Acoustical society of America, 67(3), (pp-971-995), 1980.*

[20] Gold.B and Rabinier.L.R. Analusis of digital and Analog Formant Synthesizers. IEEE Trans. Audio Electro-acoust. AU-16, 81-94.

[21] Styger, T., & Keller, E. (1994). Formant synthesis. In E. Keller (ed.), *Fundamentals of Speech Synthesis and Speech Recognition: Basic Concepts, State of the Art, and Future Challenges* (pp. 109-128). Chichester: John Wiley.

[22] Moore, G. (1998). Cramming more components onto integrated circuits. *Proceedings ofthe IEEE*, 86(1):82–85.

[23] J. Morlet, G. Arens, E. Fourgeau et D. Giard, Wave propagation and sampling theory,1, complex signal and scattering in multilayered media, Geophysics, pp. 203221, 1982.

[24] P. Goupillaud, A. Grossmann and J. Morlet, Cycle-octave and retard transforms inseismic signal analysis, Geoexploration, Elservier Science Publishers, Amsterdam, 23pp.85-102, 1984.

[25] Y. Meyer, Wavelets and Applications, Number 20 in Research notes is Applied Mathematics Spinger Verlage, 1991.

[26] I. Daubechies, Orthonormal bases of compactly supported wavelets, Comm. on Purand Applied Math., XLI: 909 - 996, 1988.

[27] S. G. Mallat, A theory for multiresolution signal decomposition: The wavelet representation,IEEE Trans. Patt. Anal. Mach. Intell, 11(7):674-693, 1989.

[28] D. Percival and A. Walden, Wavelet methods for time series analysis. CambridgeUniversity Press, 2000.

[29] J. R. Deller, J. G. Proakis, and J. H. Hansen, Discrete-time processing of speech signals. Prentice Hall, 1993.

[30] P. Rao and A. D. Barman, "Speech formant frequency estimation: evaluating anonstationary analysis method," Signal Processing, vol. 80, no. 8, pp. 1655–1667, august 2000.

[31] P. S. Addison, The illustrated wavelet transform handbook: introductory theoryand applications in science, engineering, medicine and finance. Institute of Physics Publishing, 2002.

[32] D. Gabor, "Theory of communication," J. IEE, vol. 93, no. 3, pp. 429–457, November 1946.

[33] J. Morlet, G. Arens, E. Fourgeau, and D. Giard, "Wave propagation and sampling theory, part i: complex signal land scattering in multilayer media," Gepphysics, vol. 47, no. 2, pp. 203–221, 1982.

[34] J. Ville, "Théorie et applications de la notion de signal analytique," Câbles etTransmission, vol. 1, pp. 61–74, 1948.

[35] E. Wigner, "On the quantum correction for thermodynamic equilibrium," Phys.Rev., vol. 40, pp. 749–759, 1932.

[36] I. Djurovic, V. Katkovnik, and L. Stankovic, "Instantaneous frequency estimation based on the robust spectrogram," Proceedings of ICASSP, vol. 6, pp. 3517–3520, 2001.

[37] H. I. Choi and W. J. Williams, "Improved time-frequency representation of multicomponentsignals using exponential kernels," IEEE Trans. Acoust. Speech Signal Process, vol. 37, no. 6, pp. 862–871, 1989.

[38] R. Carmona, W. Hwang, and B. Torresani, "Characterization of signals by theridges of their wavelet transform," IEEE Trans. on Signal Processing, vol. 45,no. 10, pp. 2586 – 2590, 1997.

[39] N. Delprat, B. Escudie, P. Guillemain, R. Kronland-Martinet, P. Tchamitchian, and B. Torresani, "Asymptotic wavelet and gabor analysis : extraction of instantaneousfrequencies," IEEE Trans. on Information Theory, vol. 38, no. 2, pp.644–664, 1992.

[40] H. Kawahara, H. Katayose, A. de Cheveigne, and R. Patterson, "Fixed point analysis of frequency to instantaneous frequency mapping for accurate estimation of f0 and periodicity," Proc. Eurospeech, pp. 2781–2784, 1999.

[41] B. Boashash, B. Lovell, and P.Kootsookos, "Time-frequency signal analysis and instantaneous frequency: their interrelationship and applications" Proc. ISCASOR, 1989.

[42] Ville, J. *(1948). Théorie et applications de la notion de signal analytique. Câbleset transmissions, 1:61–74. 11, 13.*

[43] Rihaczek, A. and Bedrosian, E. (1966). Hilbert transforms and the complex representation of real signals. *Proceedings of the IEEE*, 54(3):434–435. 11.

[44] Cohen, L. and Lee, C. (1989). Instantaneous frequency and time-frequency distributions. IEEE International Symposium on Circuits and Systems, 1989, pages 1231–1234. 11.

[45] B. Yegnanarayana and R.N.J. Veldhuis. *Extraction of vocal tract system characteristics from speech signals. IEEE trans. on speech and audio processing, 6(4):313–327, July 1998.*

[46] St. Mallat. *A Wavelet Tour of Signal Processing.* San Diego: Academic Press, 2nd edition, 1999.

[47] C. Chui, An introduction to wavelets, Academic Press,1995

[48] Laurence Cnockaert. « *Analyse du tremblement vocal et application à des locuteurs parkinsoniens* ». Thèse de doctorat en sciences de l'ingénieur. Bruxelles, Décembre 2007. Université libre de Bruxelles ULB.

[49] S. Mallat, Une exploration des signaux en ondelettes, Editions de l'école Polytechnique, 2000.

[50] B. Torrésani, Analyse continue par ondelettes, Editions du CNRS, Paris, 1995

[51] Castellengo, M. and Dubois, M. (2005). Timbre ou timbres ? propriété du signal, de l'instrument ou construction cognitive. 88

[52] Emiya, V. (2004). Spectrogramme d'amplitude et de fréquences instantanées (safi). Master's thesis, Aix-Marseille II. 52

[53] Navarro, L. (2007a). Analyse temps-fréquence de signaux vibratoires issus d'un réacteur de culture osseuse. In Journée de la recherche de l'EDSE. 143.

[54] P. Rao and A. D. Barman, "Speech formant frequency estimation evaluating a nonstationary analysis method," Signal Processing, vol. 80, no. 8, pp. 1655–1667, august 2000.

Communication Internationale:

A.Amrouche, L.Falek. "*Formantic analysis of speech signal by wavelet transform*" Proceedings of the World Congress on Engineering 2011 Vol II WCE 2011, July 6 - 8, 2011, London, U.K.

I want morebooks!

Buy your books fast and straightforward online - at one of the world's fastest growing online book stores! Environmentally sound due to Print-on-Demand technologies.

Buy your books online at
www.get-morebooks.com

Achetez vos livres en ligne, vite et bien, sur l'une des librairies en ligne les plus performantes au monde!
En protégeant nos ressources et notre environnement grâce à l'impression à la demande.

La librairie en ligne pour acheter plus vite
www.morebooks.fr

VDM Verlagsservicegesellschaft mbH
Heinrich-Böcking-Str. 6-8
D - 66121 Saarbrücken

Telefax: +49 681 93 81 567-9

info@vdm-vsg.de
www.vdm-vsg.de

Printed by Books on Demand GmbH, Norderstedt / Germany